都市農業の変化と援農ボランティアの役割

支え手から担い手へ

後藤 光蔵・小口 広太・北沢 俊春・田中　誠 著

筑波書房

はじめに

本書は公益財団法人東京都農林水産振興財団の委託でアグリタウン研究会の私たち研究チームが2019年度と20年度に行った東京都における援農ボランティア活動の実態調査を基にしている。

都や区市の農業施策として援農ボランティア活動が検討され実施に移され、広がってきてから約25年が経過している。その経過の中で東京における援農ボランティア活動の形態も多様化した。調査はその実態を明らかにすることを目的として行われた。

各年度の調査結果は報告書としてまとめて印刷したが本書はその調査結果を以下のような視点から整理したものである。

①東京都の援農ボランティア活動は行政等の公的機関が主体のものと当事者らによる自主的なものがある。公的機関によるものも基礎自治体が主体のものと都農林水産振興財団が主体のものがある。自主的な取り組みも規模や運営体制が多様化しNPOへ法人化した事例も見られるし、自治体による取り組みも運営形態やボランティア養成講座、ボランティアと受入農家のマッチングの仕方などにおいて多様である。

多様化した援農ボランティア活動の実態とそれがそれぞれの援農ボランティア活動にどのような特徴をもたらしているのだろうか。

②この間都市農業の制度の変化、社会・経済情勢の変化によって東京農業も大きく変わってきた。大きな流れは少品目・大量生産、市場出荷中心の経営形態から多品目・少量生産、施設栽培の導入、直売所（個人・共同）や、スーパーのインショップなどの地元流通中心の経営形態への変化である。施設栽培を伴う直売型の農業経営は多品目栽培、直売所の運営、収穫・包装作業等に多くの労働を必要とする。また農業体験農園や観光農業など農業の多面的機能を活かした取り組みも広がった。個々の経営は住民の要求に応え新

しい東京農業を作るために頑張ってきたが、全体としてみると農業従事者の減少や高齢化、都市農地の減少には歯止めがかからず東京農業の縮小は続いている。

このような都市農業の変化に援農ボランティアはどのような役割を果たしてきたのだろうか。

③都市農業が大きな転換点にあることは農業者、地域住民から国のレベルまで共通の認識になっている。2015年の都市農業振興基本法、2016年の同基本計画によって、1968年の都市計画法で不要とされた市街化区域内の農地・農業の位置づけが「あるべきもの」へと大きく転換した。その下で新しい制度の柱として生産緑地法改正による特定生産緑地制度と生産緑地の貸借を可能にする「都市農地の貸借の円滑化に関する法律」（都市農地賃借法）が作られた。

都市農業は新鮮で安全・安心な農産物を地域の消費者・事業者に供給する基本的な役割と同時に地域住民の生活に関わる自然環境や住環境、コミュニティの維持や再生などの多様な機能の発揮も期待されている。これらは資本主義の新自由主義的展開とグローバル化の進展によって蓄積されてきた歪みの解消の取り組みでもある。都市農地・農業の維持と多様な機能を発揮する農業への展開は農業者のみでなく地域住民自らの課題でもある。

問題は制度的転換とそれに基づく施策によってこれまで続いてきた担い手と都市農地の減少に歯止めがかかり、期待される都市農業の実現に向けての転換の一歩となるかどうかである。

都市農地貸借法は都市農業の担い手を、家族農業経営を中心としながらもその枠に止まらず多様な形態の担い手に広げることを可能にするものでもある。

農業ボランティアは多様なバックグラウンドを持った市民が活動を通じて農業の知識と技術を身に着けていく。担い手経営の多様な展開を支援すると同時に、先に触れた都市農業のあり方を実現する上で大切な支え手となることが期待される。

都市農業の大きな転換期に援農ボランティア制度はどのような役割を果たせるのだろうか。

本書は以上のように、多様化した援農ボランティア活動の内容と特徴の整理、援農ボランティアが東京農業の展開において果たしてきた役割、そして大きな転換期を迎えている都市農業において今後果たすことのできる役割という視点から調査結果を整理したものである。

課題は大きく対象も広いので不十分な点が多いことは自覚しているが、今後の都市農業を考える上でいくらかでも役に立つことを願ってまとめたものである。

なお本書の内容については共著者間で大きな認識の違いはないが、執筆分担にしたがって著者それぞれが自分の見解や評価をまとめたものであり、全てが共著者共通の見解とはいえない。

調査の機会を与えて下さった東京都農林水産振興財団、一々お名前を列記することはしませんがお忙しい中快く調査を受入れて下さった組織や担当者の方々、また何かとお世話をおかけした一般社団法人東京都農業会議、職員の小嶋俊洋氏に心からお礼を申し上げます。

また厳しい出版事情の下で本書の出版を引き受けて下さった株式会社筑波書房と代表取締役鶴見治彦氏に感謝申し上げます。

2022年２月28日

共著者を代表して　後藤光蔵

目　次

第1章

東京における援農ボランティア活動―本書の目的

第1節　東京農業の変化と援農ボランティア活動の展開

1）援農ボランティア活動の始まり

本書は援農ボランティアあるいは農業ボランティアと呼ばれる、市民が農家の農作業をイベントとしてではなくボランティアとして継続的に支援する取り組みを対象としている。このような活動はいつ頃から広がっていったのか。これらの言葉が朝日新聞と日経新聞に現れる頻度の変化を見た**図1-1**に

図1-1　新聞紙上の援農、援農ボランティア等の頻度

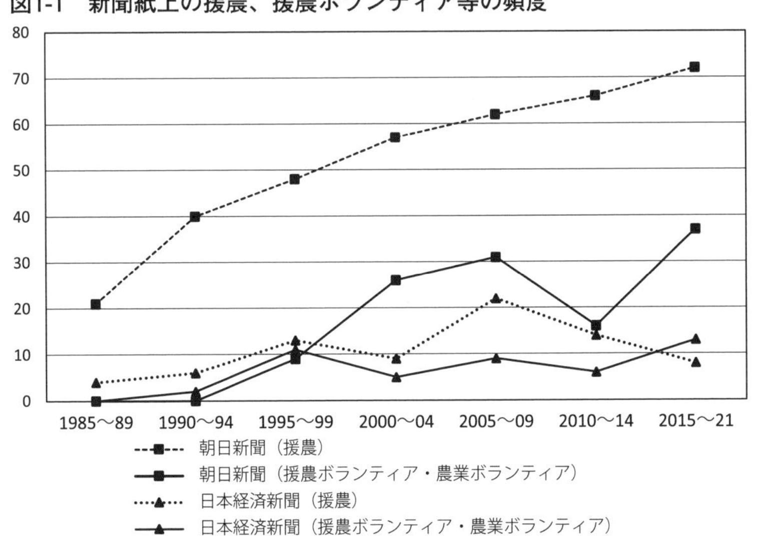

資料：朝日新聞と日経新聞の朝刊・夕刊および朝日新聞の地域面、日本経済新聞の地方経済面より小口が集計。

よれば朝日で初めて見られるのは1995～99年で、2000年以降増加している。日経では90～94年に２件見られるが増加するのは朝日でその言葉が見られるようになった95～99年である。

図にあるようにそれ以前の時期から援農という言葉は見られる。現在でもイベント・行事として行われる農作業などは援農と呼ばれることがあるのではないか。援農ボランティアという言葉が定着する以前には援農の中に援農ボランティアの活動が含まれていた可能性もあるだろう。したがっていつから始まったかの判断はできないが、広がっていったのは95年以降であると思われる。

援農ボランティア活動は受入希望農家とボランティア希望者とが結びつくことによって成り立つ。農業者と市民がつながりを持つことは簡単ではないから、その中の一部である受入希望農家とボランティア希望者との結びつきが自然発生的に生まれ広がっていったとは考えられない。東京で援農ボランティアの活動が現在の状態にまで広がったのは、次の２）で見るように1996年の都の施策を契機とした行政などの取組みがあったからと思われる。

都市農業の大切さが都民に理解されて来ているにも関わらず農業者の高齢化が進み、都市農地・農業を支えるに足る農業者の確保が難しくなり、それに対する対策の必要性が広く認識されるようになってきたからである。また91年の改正生産緑地法により東京都の市街化区域内農地は30年の営農義務を伴う保全する農地、生産緑地とそれ以外の宅地化する農地に２区分され、生産緑地での農業経営の強化は大きな課題となったことも背景にあった。同時に行政の関与しないところで援農ボランティアの取り組みが端緒的に見られるようになっていたことも行政が取り組みを検討する背景としてあっただろう。

行政等の取り組みが広がる以前に見られた自発的な事例を簡単に見ておこう。都農林水産部「平成７年度援農支援システム創設のための調査報告書」（1996年３月）は援農ボランティア活動の先行事例として、練馬区・直売A農家、瑞穂町・有機野菜栽培B農家、有機野菜を生協に販売する八王子市のC農家、D農家を紹介している(1)。４事例のうち３事例B～D農家は有機農産物の生産農家であり、有機野菜の販売先は生協（C農家：八王子消費者の会生協、D農家：東京西市民生協）や有機野菜の共同購入組織（B農家：土と緑の会、三多摩たべもの研究会、C農家：三多摩たべもの研究会）である。援農ボランティアはこれらの農家の野菜を購入している生協や購入組織の組合員である。援農者の派遣の調整は農家と連絡をとりながらそれぞれの組織が行っている。これらはいずれも安全・安心な農産物を食べたい消費者が援農活動によって手のかかる有機栽培の農家を支えている事例であり消費者の団体のイニシアティブによって取り組みが始まり、運営されている(2)。

この「調査報告書」(1996) で取り上げられている練馬区・直売A農家の事例はB～D農家とは異なり生産者と住民の自然な結びつき、例えば農家が所有するアパートの住人などによるボランティア活動として始まっている。この直売農家のボランティア受入は1987、88年頃と早い。その後援農者も増え雇用者的ボランティア（賃金とは言えないが報酬がある）を中心に生産と直売に必要な労働の７割程度を担うようになっていた(3)。当時としてはまれな例と思われる

援農ボランティア活動と直接の関係はないが90年代になるといくつかの基礎自治体で市民対象の講座（市民農業講座、市民農業大学等々の名称）が行政・JA・公民館の主催や協力で（例えば国分寺市では92年(4)、狛江市では93年、小金井市では97年から）開かれている。これらの取組みを基盤として国分寺市では96年度から都の要請を受け２年間「援農ボランティアモデル事業」を実施し、事業終了後の98年度からは市単独事業として農業ボランティアの養成・認定、希望する認定者を受け入れ農家に紹介する制度を確立している。小金井市では農業関係をテーマとした公民館成人学級の卒業生が自主的な援農サークルを99年１月に結成し活発に活動を行っていた(5)。

都の事例ではないが95年に市の補助を受け相模原市農協がスタートさせた「援農システム整備事業」(6) も担い手の労働力不足対策のためのいろいろな工夫が試みられていた当時の状況を示している。これは農業研修講座を受講した援農希望者と受入希望農家を募集し、その情報に基づいて職業安定所が

マッチングをする仕組みである。労働者派遣の法制度との関係でボランティアではなくパート、アルバイトを含む職業としての援農者（農業従事者）を育成する事業となっている。

1991年に生産緑地法が改正され新たな制度の下で新しい視点も取り入れて都市農地の維持・保全、都市農業の振興に踏み出す時期でもあり担い手問題は大きな課題だった。その一つとして援農ボランティアの取組みが広く行われるためには、ボランティア希望者の掘り起こし、農家とのマッチングと派遣、農作業の技能教育、ボランティアの組織化、農家の受け入れ体制などの整備に行政が乗り出す必要があった。

２）東京都における援農ボランティア活動の歩み

1993年６月に都農林漁業振興対策審議会による答申（「今後における農林水産業の方向と振興策」）が行われた。「都民の豊かな食生活と農のある快適なまちづくりをめざして―都民とともにつくり育てる東京農業―」を農業振興の基本視点とし、「産業としての東京農業の振興」と「農業・農地による良好な都市環境の保全」を柱とするものであった。東京農業の中心、農産園芸について見ると「産業としての東京農業の振興策」では「優良農地の保全と豊かな生産の場の創出」を第一に、「担い手の確保と育成」など全部で５つの柱を立てている。「担い手の確保と育成」では都市と共存する東京農業の利点を活かすために多くの都民が農業ボランティアやパートタイマーとして農業に参加できる仕組みの検討が必要だとしている。

この答申に基づいて作られた1994年の東京農業振興プラン「都民とともにつくり育てる東京農業」は、課題を①農地と担い手、②農産物の生産と流通、③農業・農地による生活環境の維持と農業とのふれあいとし、①について生産を支える担い手の確保は、農地の保全とともに東京農業振興の基本的課題であると述べ、その力強い農業の担い手を育てるという目標の中に「都市住民などの広範な担い手を確保する」ことも位置づけ、農業ボランティア、パートタイマーの農業参加の仕組みを作ることを謳っている。

この農対審答申、農業振興プランを受けて農業ボランティア制度の検討が1995年度にスタートした。東京農業の担い手不足と高齢化の進行は深刻であり、農業者の自助努力だけでは農地の保全と担い手確保は困難という認識に基づいて「『新しい農業担い手確保育成対策』の一環として、……援農システムによる支援を行い、農外からの都民（援農者）を新しい農業の担い手として確保・育成を図る」(7) ことを狙いとしている。

具体的には農林水産振興財団が都から受託した「援農システム推進事業」の実施に向けての検討が95年度に作られた「援農システム推進事業調査検討委員会」「同作業部会」によって開始され、意向調査、先進事例の収集、ヒアリングなどに基づく援農システム案の検討を経て「援農システム推進事業」を発足させた(8)。農林水産振興財団が都から委託を受け、96・97年度はモデル事業として八王子市と国分寺市で、99年度は調布市と東大和市で、2000年度は杉並区、小平市、府中市で実施された。

2001年度からは毎年２地域を対象に財団による「東京の青空塾」推進事業が５か年計画でスタートしている。この事業は自治体が募集した援農ボランティア希望者に対して、財団が地域の援農受入農家に依頼して実習を主体とした養成講座（財団での講義２回、東京都農業祭視察、地域農家での実習10回）を実施し、講座修了者を援農ボランティアとして認定する事業である。自治体は認定された講座修了者を援農ボランティアとして登録し、受入農家に派遣することにつなげる仕組みである。2001年度は三鷹市、狛江市、2002年度は東村山市と羽村市で実施された。

先に触れた「援農システム推進事業」で１区６市に広がった援農ボランティア活動は、さらに三鷹・狛江・東村山・昭島・羽村・立川・西東京・足立に拡大し2004年には２区13市で実施されている。

財団の資料によると1996～2000年度の「援農システム推進事業」における財団の養成講座受講者数は杉並（67人）、八王子（34人）、府中（118人）、調布（50人）、小平（113人）、国分寺（239人）、東大和（177人）である。2001年度から実施された「青空塾事業」の講座受講者数が、2001～2018年度累計100人以上の自治体は三鷹（268人）、小平（120人）、東村山（148人）、国分寺（580人）、西東京市（170人）である。これらの自治体では継続的に活用されてきた。

これとは別に国立市は、市独自で2000年度から援農ボランティア活動を立ち上げている。また2000年以降、本書で取り上げている「NPO法人たがやす」（2002年設立）、「NPO法人すずしろ22」（2005年設立）、「くにたち・梨園ボランティア」（2001年設立。現在は行われていない）などの自主的な取り組みも始まっている。

その後財団は2013年度から都全域を対象に、援農ボランティア希望者と受入れ希望農家をインターネットを使って募集し、条件のあった農家を紹介し援農に行ってもらう「広域援農ボランティア」制度を立ち上げた。希望に合うボランティア先を、希望日、希望時間、所在地等ピンポイントで選択できるのでボランティアにとっては自由度が大きい制度である。

以上のように行政の取組みを背景として地域の援農ボランティア活動は広がっていった。しかしその活動が現在どの程度の地域にまたどのような内容をもって広がっているのかをまとめた本や報告書は無いように思われる。本書は把握が容易な自治体や都農林水産振興財団の取り組みとNPOや任意の団体による自主的取り組みを対象にその実態を明らかにしようとしたものである。それ以外にも農家とボランティアの自主的な援農活動、学生のゼミ等を単位とした援農活動など多様なものが存在する。今回の調査で情報提供をお願いした農業委員の回答には当然のことだが、私たちが全く知らなかった自主的な援農活動の事例があった[9]。それらについての実態の把握は今後の課題である。

3）東京農業の変化と援農ボランティア活動の展開

東京都における援農ボランティア活動は1996年に始まった都の「援農推進システム事業」を契機に展開していったと述べた。この事業のモデル事業として96・97年度に八王子市と国分寺市の２市で始まった自治体の援農ボランティア事業は2019年度には６区16市に拡大した。援農ボランティアの展開の背景は二つあるだろう。

１つは都市農地、都市農業に関する政策・制度の変化である。91年の改正生産緑地法で保全する農地として位置づけられた生産緑地は30年間の営農が義務付けられた。また99年の食料・農業・農村基本法は、農業の多面的機能の発揮、都市および周辺の農業について農業生産の振興を謳った。農業者も行政も、持続する農業生産を基礎に多面的機能も発揮する都市農業を目指して取組みを始める時期であった。1994年の都の「東京農業振興プラン」をはじめとして多くの区市等で農業振興計画が作られていった。都の振興プランの副題が「都民とともにつくり育てる東京農業」とあるように、区市の農業振興計画も都市住民の生活やまちづくりを視野に入れた計画が作られた。

既に触れたが94年の東京都の農業振興プランでは「都市住民などの広範な担い手を確保する」の中で農業ボランティア、パートタイマーの農業参加の仕組みを作ると謳っている。多くの区市で作られた振興計画でも農業ボランティアについて取り上げられている[(10)]。

２つ目の背景は実際に進展した農業経営の展開である。「東京農業振興プラン（1994）」では、特産地の形成と同時に多品目少量生産による庭先販売、直売の推進を課題とし、「第４章　産業としての東京農業の振興」＞「１　東京農業の振興の方向」＞「(3) 都民ニーズにこたえる生産・流通体制を整備する」の中で、「地域の特性を活かした農業の振興」「地場流通の推進」「都民とのコミュニケーションを深めながら東京農業を育てる」が提起されている。

区市の振興計画でも、例えば92年「練馬区農業保全構想」は「Ⅲ　農業施策の提言」＞「１　農業の振興」＞「(3) 農業経営の転換」で都市型農業経営の方向として、先に触れた施設露地複合経営と、掘り取りもぎ取り等の省力型・農地保全ふれあい型農業、の二つを提起している。また庭先販売や無人スタンドの拡充、地場野菜供給店舗の拡大、学校給食等が「(4) 地場消費の拡大」として取り上げられている。次の1999年「練馬区農業振興計画」では「Ⅱ　練馬農業の振興」＞「第１章　農業経営の安定化・都市型農業の確立」＞「1　都市型農業経営の確立」＞「(1) 都市農業のメリットを生かした経営の拡充」で、多様な経営（生産、流通等）を提起しているが、その中でも (2) として「直売所の充実」を提起している。

市場流通中心の少品目大量生産から労働力多投型の施設栽培・少量多品目の直売型農業への展開が専業的経営の取組みとなり、それを支える援農ボランティア活動が広がっていったのである。もちろん鮮度が大切なトウモロコシなどの野菜、あるは果樹や花など品目によっては以前から直売は行われていたがそれが販売の中心形態となる経営への転換が始まったのである[(11)]。

ここでは援農ボランティア活動展開の要因と考えられる農業経営の変化について2000年と2015年の農業センサスによって見ておきたい。

表1-1は主として経営の変化を整理した。地域の区分は表注にあるように都心からの距離によって行った[(12)]。ここから以下のような変化が読み取れる。①販売農家は絶対的にも相対的にも減少した、特に区部とC地域での減少が大きい。②総農家１戸当たりの経営耕地面積は全ての地域で減少しているが販売農家のそれは区部とC地域では増加、B地域では横ばいである。③しかし主業農家（農業所得が農家所得の50％以上で、１年間に60日以上自営農業に従事している65歳未満の世帯員のいる農家）率は区部では横ばいだがその他の地域では増加している。農業に力を入れている農家が残ってきているのだろう。④区部では露地野菜の単一経営の割合は減少し、施設野菜単一経営の割合が増加している。またすべての地域で複合経営の割合が増加している。⑤区部とA地域では施設栽培に取り組む農家の割合が高い。⑥直売を行った農家（ただし2015年は農業経営体）の割合は全ての地域で増加している。これまで述べてきたように経営展開の流れとしては施設化を伴う複合化、直売の拡大が進んだのである。

次に農業労働力の状況を**表1-2**で見ておこう。①販売農家１戸当たりの農業就業人口は全ての地域で減少しているが基幹的農業従事者は区部、A地域では横ばい、C・D地域ではわずかに増加している。販売農家１戸当たりの農業就業人口、基幹的農業従事者はいずれも区部・A地域で多く、C地域は

表 1-1　地域別に見た農業経営の変化（販売農家）

（単位：a，%）

	2000 年				2015 年			
	区部	A 地域	B 地域	C 地域	区部	A 地域	B 地域	C 地域
１戸平均経営耕地面積（a）								
総農家（a）	40	57	50	40	39	52	47	34
販売農家（a）	53	74	72	66	58	69	73	72
販売農家減少率（2000～2015）					-42.9	-28.9	-31.6	-48.1
販売農家の割合	65.8	69.6	58.8	46.8	58.2	67.3	54.3	31.1
主業農家率	33.3	34.1	26.8	19.6	34.3	40.7	32.2	25.5
経営形態別農家の割合								
単一経営	75.7	69.7	63.9	65.0	70.7	64.7	60.3	62.2
露地野菜	47.5	35.2	29.5	20.9	41.4	35.5	34.4	32.7
施設野菜	7.0	1.2	1.0	0.7	7.7	1.2	0.8	0.6
果樹類	3.9	13.5	12.1	17.9	7.4	15.0	10.9	11.1
花卉・花木	11.5	11.1	9.2	5.7	9.5	9.4	9.2	6.2
酪農	0.1	0.6	1.4	4.3				
準単一複合経営	19.0	22.6	25.9	24.7	19.9	23.8	25.1	21.2
複合経営	5.2	7.7	10.1	10.2	9.4	11.6	14.6	16.7
施設（ハウス・温室）のある農家割合	30.3	23.7	17.8	15.3				
施設野菜作付け農業経営体割合					*24.6	*22.6	*17.1	*14.7
農産物を販売した農家の割合	97.7	94.4	85.7	73.7	96.5	96.4	85.3	77.8
販売金額 700 万円以上	11.4	12.1	8.9	8.9	10.0	10.2	7.8	9.9
同　　1000 万円以上	6.3	5.9	5.5	6.2	4.8	5.5	4.5	7.0
直売を行った農家割合（2015 年は農業経営体）	45.9	47.0	39.9	28.2	*63.9	*69.2	*57.1	*45.9
年間販売金額に占める直売の割合								
５割以上の農家の割合	35.4	29.8	24.7	16.4				
７割以上の農家の割合	9.4	8.8	8.2	7.5				
耕作放棄地所有農家率（総農家）	**4.2	**2.8	**6.8	**18.4	**3.2	**4.6	**6.5	**16.7

資料：2000 年及び 2015 年センサスを加工

注：１）A 地域：都心から 15～25 ㎞の自治体。武蔵野・三鷹・府中・調布・小金井・小平・狛江・清瀬・東久留米・稲城・西東京の１１自治体

B 地域：同 25～35 ㎞の自治体。立川・昭島・町田・日野・東村山・国分寺・国立・東大和・武蔵村山市・多摩の 10 自治体

C 地域：35～45 ㎞の自治体。八王子・青梅・福生・羽村・あきる野・瑞穂・日の出の７自治体

２）販売農家に関する統計。ただし＊は農業経営体、＊＊は総農家の統計である

少ない。②65歳未満の農業専従者（１年間に150日以上自営農業に従事した世帯員）がいる農家の割合は区部とA地域では高く、B・C地域では少ない。③後継者について見ると、同居している農業後継者のいる農家の割合は2000年に比べ2015年は大きく減少している。特にB・C地域。しかし他出している農業後継者のいる農家の割合は高くなっている。全体として後継者の状況を見ると、2015年の後継者がいない農家（同居後継者も他出後継者もいない農家）の割合は2000年に比べ大きく増加している。④雇用労働力の状況は統

表 1-2　農業労働力の状況（販売農家）

（単位：人、%、人日）

	2000 年				2015 年			
	区部	A 地域	B 地域	C 地域	区部	A 地域	B 地域	C 地域
農家 1 戸当たり農業就業人口（男女計）	2.52	2.49	2.26	1.84	2.16	2.21	1.99	1.64
農家 1 戸当たり基幹的農業従事者（男女計）	1.96	1.92	1.66	1.26	1.96	1.94	1.73	1.41
農業専従者がいる農家率	85.5	83.8	77.0	62.1				
65 歳未満専従者がいる	59.8	61.4	48.3	31.2	60.1	61.8	48.2	33.8
農業後継者の状況								
同居農業後継者がいる農家の割合	67.7	69.2	67.4	61.7	46.2	48.8	38.4	29.5
他出農業後継者がいる農家の割合	5.2	6.0	7.8	9.5	15.7	18.1	18.0	20.2
同居・他出とも農業後継者がいない農家割合	27.1	24.8	24.8	28.8	38.1	33.1	43.6	50.3
雇用労働力（2015 年は農業経営体）								
雇用者雇入れ実農家の割合					*23.0	*23.7	*19.3	*21.6
常雇	4.2	4.2	2.9	2.2	*8.3	*7.5	*5.7	*5.3
農業臨時雇い	11.2	12.3	9.4	12.5	*18.7	*19.4	*15.9	*18.7
手間替え・ゆい・手伝い	5.7	6.3	7.1	8.7				
雇入農家 1 戸当たり								
常雇実人数	2.2	2.9	2.1	2.0	*17.9	*2.2	*2.4	*2.1
農業臨時雇延べ人日	88	116	63	103	*96	*97	*101	*66
手間替え・手伝い等延べ人日	67	55	41	32				

資料：2000 年及び 2015 年センサスを加工
注：表 1-1 に同じ
　＊は農業経営体、その他は販売農家の統計

計の連続性（2000年は販売農家、2015年は農業経営体）から不確かな点があるが読み取れることは以下の点である。常雇のいる農家率はどの地域でも増加している。その農家率は区部・A地域で高い。臨時雇い、無償の手伝い等の受入農家率も区部・A地域では増加していると推測できる。2000年の臨時雇いと手伝い等の受入農家にはダブりがあるはずなので両方を加えると受入実農家の割合よりも高くなる。それと比べても2015年の区部・A地域の受入農家の割合が高いからである[(13)]。

最後に直売所と外部労働力の利用状況について補足しておきたい。

東京都が2010年度に実施した「都市地域における認定農業者の意向調査」（回答571経営体）によれば約40%、226経営体に家族以外の従事者がいる。経営規模の大きい経営体ほどその割合は高く150ａ以上では53%であった。また家族以外の労働力を受入れている経営の割合は「常勤雇用」が６%、「パート・アルバイト」が19.1%、「農業ヘルパー」が5.8%、「援農ボランティア」が20.5%であった[(14)]。

表 1-3　本書で取り上げた援農ボランティア活動関係年表（都市農業振興基本法成立まで）

年	援農ボランティア活動関連事項			関連する法律・制度・その他
	東京都	市町村	その他	
1968				・都市計画法
1974				・生産緑地法
1975				・農地の相続税納税猶予制度創設（全ての農地対象・猶予制度 20 年）
1982				・長期営農継続農地制度（10 年の時限立法、92 年 3 月末廃止）（固定資産税の納税猶予）
1988				・閣議決定「総合土地対策要綱」
1990		・国分寺市農業委員会「農政施策確立に関する建議」		
1991				・生産緑地法改正（生産緑地地区指定の期限は 1992 年末）
1992		・国分寺市・市民農業大学開始 ・「練馬区農業保全構想」		・改正生産緑地法による新規指定→ 2022 年に 30 年を迎える ・相続税納税猶予制度改正（適用農地は終生営農
1993				・農業経営基盤強化促進法（1980 年）改正：認定農業者制度 ・都府県・基本方針，市町村・基本構想策定
1994	東京都農業振興プラン			
		・練馬区・JA 共同直売所第 1 号（こぐれ村）開設		
1995		・国分寺市農業振興計画		
	援農支援システム推進事業検討委員会設置			・阪神淡路大震災・ボランティア元年
1996	援農支援システム創設のための調査報告書 都・援農システム推進事業（5 ヵ年で 7 区市）～2000 年まで。うち 96・97 年度はモデル事業			
		・国分寺市・八王子市援農ボランティア・推進モデル事業・ 2 年間 ・練馬区・農業体験農園（第 1 号）開園		
1997			・小金井市成人学級「小金井農業と緑」・受講者グループ援農開始	
1998		・国分寺市・援農ボランティア推進事業 ・国分寺・援農ボランティア技術習得講座開講		・特定非営利活動促進法（NPO 法）
1999			・「たがやす」援農事業開始→2002 年 NPO 法人 ・「小金井援農サークル」発足	・食料・農業・農村基本法
2000				・改正都市計画法
2001	財団・「東京の青空塾事業」（地域援農ボランティア養成事業）			
2004			・「あびこ推進協議会」発足	
2005		・練馬区・農作業ヘルパー等養成事業（2014 年度まで） ・日野市・援農市民養成講座「日野市農の学校」を開講 ・足立区援農ボランティア制度発足		
			・「すずしろ」援農事業開始→2010 年 NPO 法人	
2006		・日野市援農ボランティア制度発足		
			・「日野・援農の会」援農事業開始→2012 年 NPO 法人	
2012			・「立川・野菜づくりボランティア」発足→2018・3 終了	
2013	財団・広域援農ボランティア制度（事業名：2013～17 年度：農作業サポーター支援事業、18～20 年度：東京農業の支え手育成支援事業、21～：東京広域援農ボランティア事業）			
			・「都筑農業ボランティアの会」事業開始	
2015		・練馬区農の学校事業：ねりま農サポーター		・都市農業振興基本法
2016				・都市農業振興基本計画（閣議決定）

資料：令和元年及び 2 年度「東京都内における援農ボランティア実態調査結果報告書」及び本書、区・都、都農林水産振興財団等の資料、HP により筆者作成。

JAの運営する農産物共同直売所は『東京農業のすがた』(都産業労働局、2011年版、23ページ）では55カ所、東京都農協中央会HP（2021年９月アクセス）によれば62カ所に増加している。

都下に個人直売所がいくつあるかの資料はないが、練馬区について見ると、JAの４カ所の共同直売所の他に個人直売所が108カ所ある[15]。

最後に本書で取り上げた自治体や団体の活動に関する事項を**表1-3**として整理した。

第２節　援農ボランティア活動の多様な形態

１）援農ボランティアの定着と地域差

東京都内を見渡すと、農家の農作業を手伝う援農ボランティアの存在は多くの地域で定着しており、その力を借りて営農する農家のあり方も含め、地域差はあるものの、もはや当たり前の存在になっているといってよい。

たとえば、認定農業者になろうとする農業者が農業経営改善計画を作成する際、都内においては多くの区市町村でこれを支援するための個別相談会が開かれるが、そうした場で労働力の補完が必要な農家に対して援農ボランティアの導入や増員を提案するのはごく普通のことである。農業経営改善計画の様式には家族労働力以外の「雇用者」の人数について現状と将来の見通しを記入する欄があるが、その下に独自の項目として「ボランティア」の欄を加えている区市町村も少なくない。

ただし、第２章で詳しく見るように、行政による援農ボランティアの確保や農家とのマッチングといった支援の取組については、都内でも実施する区市町村と実施していない区市町村があり、さらに第４章で見るようなNPO等のボランティア派遣団体が存在するのも今のところ限られた地域である。そのため、農家が恒常的に援農ボランティアの力を活用できるかどうかは、その地域における、行政等による支援の有無やボランティア派遣を行う団体の有無に大きく左右されるという実態がある。

2）農家と援農ボランティアをつなぐ主体による分類

このように、都内における援農ボランティアのあり方は、ボランティアを登録したり、農家にボランティアを紹介して派遣する支援の枠組み、それを行う主体のあり方に大きく依存していると言える。

そこで、実態について分析する前提として、援農ボランティアや受け入れ農家の募集、双方のマッチングといった取組がどのような主体によって担われているかという観点から、東京都内で見られる援農ボランティアの実態を整理しておきたい。東京都内を見渡すと、以下に述べるとおり、大まかに見て（1）自治体による取組、（2）NPO等の団体による取組、（3）（公財）東京都農林水産振興財団による広域援農ボランティアの派遣、そして（4）自治体や組織・団体の仲介等を経ないで行われるその他の援農の４種類に分けることができる。

なお、本書でとりあげるのは主にこのうち（1）～（3）の主体が関わる援農である。（4）その他の援農については、広範に存在すると思われるものの客観的に実態を把握することが難しく本書では分析の対象としていない。

（1）自治体による取組

主に農家の労働力不足を補うための農業振興施策の一環として、都内では多くの区市町村が援農ボランティアに関する事業に取り組んでいる。都内全体においてもっとも多く見られるのは、こうした自治体による取組を介して農家とつながった援農ボランティアである。

事業に取り組む自治体では、広報やホームページ等のツールを使って援農ボランティアを募集し、域内の農家から派遣の希望をとりまとめ、双方のマッチングを行っている。また、事業を実施する自治体の多くがボランティアへの応募者を対象として農作業等の基本的な能力を養成するために講座や実習等を実施している。こうした事業を実施するうえで自治体が地元JAやNPO、民間事業者に業務を委託したり協力を得るケースもある。

ただし、自治体による取組と言っても裏付けとなる予算の規模は区市町村によってまちまちで、少数だが充実した予算を確保している自治体がある一方、そのための予算措置が無いもとで事業を実施している自治外もあるなど、行政が費やすコストについては自治体ごとの違いが大きいことに留意する必要がある。

自治体による取組の実態について、本書では第２章で詳しく取り上げる。

(2)（公財）東京都農林水産振興財団による広域援農ボランティアの派遣

公益財団法人東京都農林水産振興財団は、東京の農林水産業の振興を目的として、主に東京都からの補助や受託に基づいて農林水産業の担い手の育成、森林整備、試験研究などを行う財団法人である。この財団では農業者の高齢化や後継者の不足等による都内農地の遊休化・低利用化の防止を図るため、地域の枠を越えて参加できる「広域援農ボランティア」の登録・派遣を行っている。

あらかじめ登録した農家がボランティアを受け入れたい日時や作業内容を財団に伝えると財団が登録ボランティアに募集をかけて両者を仲介する仕組みだ。登録農家は東京都内の区部から西多摩、南多摩、北多摩まで広範囲に存在する。

ボランティアの登録は専用WEBサイトで行う。ボランティアに登録する人の居住地は農地が無い都心周辺も含め都内全域にわたり、さらに一部、埼玉県、千葉県、神奈川県の居住者を含んでいる。これら登録したボランティアはどこに所在する農家からの募集であっても援農に手をあげることができる。新型コロナウイルス感染症の影響による運用休止期間があったにもかかわらず、2020年度は延べ派遣人数が約1,500人と過去最高になった。

なお、財団では先に（1）で述べた自治体による取組を支援するため、自治体の援農ボランティアに登録を希望する人々を対象に養成講座を行う「東京の青空塾」事業も実施しており、2021年現在、都内10市と連携して受講生を受け入れている。

(3) NPO等の団体による取組

東京都内には、農家とボランティアの双方を会員等として登録し、会員農家のニーズに応えて援農ボランティアを派遣するNPO等の団体が複数存在する。

行政との関係を見ると、行政からの独立性が高い団体がある一方、その発足の経緯や運営に行政が大きく関与している団体もある。行政から補助金や委託金を受け取る団体もあり、上記（1）に分類した自治体の取組についても、その予算の使い道を見るとこうしたNPO等の団体への補助金だという場合もある。

なお、ボランティアというと一般的には「無償」の取組だが、これら団体のなかにはボランティア派遣を「有償」で行うところもある。援農ボランティアの受け入れ農家がNPOに派遣時間当たりの「謝礼金」を納め、NPOがそこから事務経費を差し引いてボランティアへ渡すといった方法である。賃金という位置付けではないものの、援農のあり方として非常に特徴的である。

さらに、これら団体のなかには農地を借り入れて体験農園等の運営に乗り出すところもあり、農家を支える取組にとどまらず、自らが地域の農地を活用する「担い手」へと踏み出す動きとして注目される。

NPO等の団体による取組について本書では第４章で具体的に取り上げる。

(4) その他

上記で述べた３つの形態のほかに、自治体や組織・団体の仲介等を経ないで行われる援農ももちろん存在する。「忙しいときには兄弟や親戚に手助けを頼む」といったケースは広範に見られる。また、学生グループによる援農、産直に取り組む生活協同組合が取引先農家に対して行う援農などもある。

都市地域で営農する農家からは「近所のひとが好意で手伝ってくれる」、「庭先直売のお客さんから手伝わせてほしいと言われた」といった話を聞くこともある。都市住民のなかには土や作物に興味を持ち自ら農業に関わりたいと志向する人が少なからず存在することの証であろう。

自治体や組織・団体の仲介等を経ないで行われる援農についてはその実態を把握することが難しく、本書ではほぼ取り上げないが、個別のケースを見聞きすると、特に都市農業の場合には都市住民との多様な関わり方への可能性が感じられる。

3）２カ年にわたる実態調査の対象

本書は、アグリタウン研究会[16]の調査チーム（本書の執筆者）が2019年度と2020年度の２カ年続けて（公財）東京都農林水産振興財団から受託して取り組んだ援農ボランティア実態調査[17]の結果を基礎資料にしている。農家と援農ボランティアをつなぐ主体によって分類した上記の記述と関連させて、この受託調査でどのような調査に取り組んだか簡単に述べておく。

(1) 自治体による援農ボランティアの取組に関する調査

東京都には62の区市町村があるが、農業委員会が設置されている区市町村は44である。農業委員会が置かれているということは、すなわち一定面積以上の農地があるということなので、まずこれら44区市町村を対象として、自治体としての取組に関するアンケート調査を実施した。回答したのは農業振興を主管する部局の担当者である。

調査項目は、援農ボランティアに関する事業を実施しているか、その事業内容や予算はどのようになっているか、農家とボランティアをどのように仲介するか、そして担当者から見た効果や課題などである。

さらに、東京都内で自治体が取り組む援農ボランティア関連事業の具体的事例として、積極的な取組が見られる足立区、練馬区、国分寺市、立川市の４区市を対象に詳細な調査を行った。自治体の担当者に対するヒアリングに加え、受け入れ農家および援農ボランティアに対するアンケートや、受け入れ農家からのヒアリングを実施した。練馬区では、区が設置した「農の学校」を運営する受託事業者からもヒアリングを行った。

(2) 広域援農ボランティアに関する調査

（公財）東京都農林水産振興財団が行う広域援農ボランティア事業について、財団の担当者からヒアリングを行いこれまでの実績データ等の提供を受けた。また、１年目はこの事業に登録している農家ならびに援農ボランティアを対象にアンケート調査を実施し、さらに２年目には前年度のアンケートで広域援農ボランティアへの登録理由を「就農を希望しているため」と回答したボランティアを対象に追加アンケートを実施した。

(3) NPO等の取組に対する調査

NPO等が取り組む援農ボランティアの実態や特徴について詳しく調べることとして、都内の事例では八王子市の「NPO法人すずしろ」、町田市の「NPO法人たがやす」、日野市の「NPO法人日野人・援農の会」、立川市の「立川野菜つくりボランティア」、小金井市の「小金井援農サークル」を対象として調査を実施した。各団体の事務局や受け入れ農家へのヒアリングを行うとともに八王子市の「すずしろ」と町田市の「たがやす」については会員農家ならびに所属するボランティアへのアンケートを行った。

また、他県の事例では神奈川県横浜市の「都筑農業ボランティアの会」ならびに千葉県我孫子市の「あびこ型『地産地消』推進協議会」を対象として、ヒアリング等の調査を実施した。

第３節　援農ボランティア研究と本書の位置づけ

1) 先行研究の整理

ここからは、援農ボランティアに関する先行研究を整理し、本書の意義と目的を確認する。先行研究は、「援農ボランティア制度の構築」「農業経営に与える効果」「援農ボランティアの参加・定着要因」の３つに大きく分けられる。

(1) 援農ボランティア制度の構築に関する研究

後藤（2003）は、多様な都市農地の「市民的利用」の活動を取り上げ、そのひとつに援農を位置付け、そのシステムとしての課題を指摘している。「援農は都市農地・農業を応援したいという市民の気持ちに基づいてボランティアとして行われている事例も多い。援農が農業にとって意味のある援助となるためには、受入農家にとって意味のある形で継続的に行われる必要がある。つまり、それを可能にする体制が市民の側に整備・確立されているかどうかが重要であり、それがなければ長続きしない。（中略）他方で農業者の側にとっては市民的利用の取り組みが経営的に意味を持つものでなければ永続性を持たない。その意味で、農業者にとっては農地の市民的利用・市民の受入れがボランティアとしての取り組みから経営的に意味のある取り組みになる必要がある。つまり「市民的利用」の継続性を保障するような体制が、農業者の側にもまた市民の側にも確立されているかどうかが」必要な視点で、「それを支援するものとして行政の役割が」あると指摘している[18]。

船戸（2013）は、東京都日野市と町田市の援農ボランティア制度を取り上げ、その取り組みによる都市農業の持続可能性について検討している。そこでは、日野市の無償ボランティア、町田市の有償ボランティアを比較し、共通の課題として、農家とボランティアを調整する事務局に過重な負担がかかっており、この調整作業を軽減することが求められると指摘している[19]。

草野（2020）は、援農ボランティアの定着について農家や一般市民との接点の多い農協が仲介役として果たす役割を検討している。そこでは、農協が援農活動を定着させるためのポイントとして、1つ目が一般市民と農家の参加を促すようなきっかけづくりで、研修の実施および研修修了時の援農ボランティアへの誘導が必要であり、そのような情報を広く周知するための工夫が必要である。2つ目が枠組みづくりで、適切なマッチング、人的交流・仲間づくりの場の提供、作業と報酬のバランスの確保、連絡の簡便化であり、満足感を与えることが重要であると指摘している[20]。

(2) 農業経営に与える効果に関する研究

援農ボランティアによる農業経営の効果については、八木・村上（2003）、八木・村上ほか（2005）、船戸（2013）、佐藤（2017）などが検討している。

八木・村上（2003）は、援農ボランティアの導入による農業経営への効果を経営データにもとづき実証している。援農ボランティアによる効果を「直接的生産効果」「生産誘発効果」「保健レクリエーション効果」に分類しており、そのうち前者２つについて、国分寺市の１軒の農家を対象に分析している。受入農家側の作付体系の変更や家族労働の投入強化によって、作付面積と所得の増加につなげていることを明らかにしている[21]。援農ボランティアの導入における受入農家側の人員増加の必要性については、有償ボランティアを事例として取り上げた八木（2006）でも指摘されている[22]。

八木・村上ほか（2005）は、都市近郊の１軒の梨作経営を事例として取り上げ、援農ボランティアの効果的な作業管理方法を分析し、作業の難易度、経営規模、圃場分散状況などの影響により、最適な人数が異なることを明らかにしている[23]。

(3) 援農ボランティアの参加・定着要因に関する研究

後藤（2003）は、農業者が農地に市民を招き入れる動機・目的という観点から、農業ボランティアの受け入れは「経営的メリット」が挙げられるとし、検討すべき課題を指摘している。「１つは、無償であるためにボランティアの都合がまず優先される。そのために受け入れ側の事情を十分考慮しない、あるいは受け入れ側の希望と十分マッチしない援農になる可能性」がある。ここには、「福祉のような部門ではなく、農業という経済活動に対しての無償のボランティアという難しさが存在する」。「他方で、受け入れ農家が、援農によって都市農業・農地保全の手助けをしたいという援農ボランティアの思いを十分受け止めず、好きで農作業の手伝いに来ている人と見るようなところからも問題が生じる。無償の援農ボランティア制度がうまくいくかどうかは双方の人間性、両者の人間関係に大きく依存する」と指摘している。

八木・村上ほか（2005）によると、援農ボランティアの場合、通常の被用者とは異なり、経済的インセンティブによる作業管理が不可能で、日時や人数の設定についてもボランティア側に配慮し、調整をすること、作業に際しては経営者の気配りや心遣いが必要とされ、ボランティア受け入れ特有の時間的、金銭的負担が生じるという。また、ボランティアの作業効率は一定の経験を積んだ雇用労働者の場合とは異なり、こうした作業管理の加えて、受入農家とボランティア、ボランティア同士の人間関係管理も求められるとしている。

八木（2020）は、八木・村上（2003）と八木・村上ほか（2005）を再度整理し、農家が援農ボランティアの活用を促進するために、改めてボランティアの「コーディネーション」の重要性を指摘している[(24)]。

舩戸（2013）によると、援農ボランティア導入による農業経営の効果がある一方で、町田市のような有償の場合は農家側が期待する仕事にボランティアがついていけない、日野市のような無償の場合は本当に支援して欲しい作業が依頼できず、またその成果が期待できないこともあるという。

安藤・大江（2016）は、援農活動を活性化させるためには「参加者の増加と、在籍メンバーの参加頻度の向上」が必要で、労働力確保という農家のニーズに加えて、地域とのつながりや愛着、関心を強めるような交流機会の拡大、学習機会の設置や自由度の高い活動内容の検討などボランティアの参加を促す工夫や改善が不可欠とし、ボランティアの満足度が参加頻度を規定することを明らかにしている[(25)]。

佐藤（2017）は、神奈川県内を対象に援農者の動機とその背景および援農の活用範囲の実態を分析し、援農者と農家との関係継続の観点から援農活用農家に求められる要件を明らかにしている。1つ目に多様な参加動機に応えること、2つ目に援農の活用範囲を雇用とは区別し、作業や信頼、筋力、作業量の要求程度の低い作業に限定すること、3つ目に援農者は継続年数に応じてより精度や信頼を要求される作業に従事しているため、活用範囲の拡張が可能だが、関係継続年数に応じてその範囲を決めることが必要であると指摘している[26]。

2）本書の意義と目的

先行研究は、主に「制度の運用」「農業経営への効果」「ボランティアの継続・定着要因」という観点から蓄積されている。援農ボランティア活動の意義と課題が明らかにされている一方で、個別の事例分析にとどまり、ボランティアの多様な広がりを踏まえた分析はされていない。

そこで本書では、先行研究の成果を踏まえた上で、アンケート調査とヒアリング調査を主な調査手法とし、援農ボランティア活動の先進地である東京農業を対象に、自治体や広域援農ボランティア、NPOによる活動を取り上げ、受入農家からボランティア、自治体やJAの役割まで多角的な分析を行う。こうした総合的な分析をつうじて、都市農業の発展を担う援農ボランティア活動のさらなる展開の可能性について検討することを目的としている。

本書の論点は、次の３点である。１点目は、まず何よりも援農ボランティア活動は都市農業の農業経営に貢献し、都市農業の振興と農地の保全に貢献できる取り組みでなければならないという点である。受入農家にとって十分に満足のいく、納得できる援農ボランティア活動とはどのようか形なのだろうか。さらに、受入農家はどのようにボランティアを農業経営に位置付け、活用し、結果として農業経営をどのように変化させ、その発展、多角的展開につなげているのか検討する。

２点目は、ボランティアが意欲的に農作業に取り組めるかどうかである。受入農家の経営的なメリットに応えることは援農ボランティア活動の第一義的な目的だが、同時に実際に活動するボランティアのニーズと期待に応えることも不可欠である。そのためには、ボランティアの多様な動機や意識を明らかにし、それに対応できる制度の構築が可能なのか検討する。

加えて、援農ボランティア活動では「有償ボランティア」もひとつの論点である。先行研究では、無償であるが故の活用の難しさが指摘されている。八木（2006）が有償ボランティアの事例を取り上げているものの、無償の場合と比較した優位性や持続性などついては論じられていない。本書では、有償ボランティアの可能性も考察する。

３点目は、１点目と２点目を踏まえ、受入農家とボランティアの満足度を向上させる制度のマネジメントについてである。東京都の場合、自治体が主導し、JAと連携する制度が広がりを見せている。ボランティアの募集、育成、マッチング、活動までをひとつの制度として捉え、その継続性を保障するマネジメントのあり方について検討する。

注

（１）東京都労働経済局農林水産部「平成７年度援農支援システム創設のための調査報告書」1996年３月、pp.114-122。

（２）例えばC農家は生協の理事長に勧められて1974年から有機栽培を始めた。準備期間を経て77年から取引を開始したが生協はその取り組みを支え有機野菜の生産・出荷を定着させるために、泥付きで良い、値段は生産者が付ける、援農をする等を決め、C農家の野菜購入組合員は年２回援農に行くことを決まりとしたのである。前掲都農林水産部「調査報告書」pp.117-120および拙著『都市農地の市民的利用　成熟社会の「農」を探る』日本経済評論社、2003年、p.177（1995年11月のヒアリングによる）。拙著では東都生協が小金井の店舗で地場の野菜（有機野菜ではない）を販売するために出荷農家への援農が月１回行われている事例も紹介している。B～Dと同じ性格の援農ボランティア活動である。

（３）ボランティアの人数は都の調査報告書の調査時点（1995年８月）に比べて筆者がヒアリングをした時点（1999年10月、2003年３月）では増えている。家族従事者は69歳の世帯主１人で、毎日来る雇用者的ボランティア３人（無償ではなく盆暮のお礼、昼食、終わった後の一杯）と無償のボランティアが来ていた。ボランティアは毎日昼休み２時間と日曜日の午後に来る人、土日に来る人、ハウスの果菜類の育苗の時期だけに来る人などそれぞれの条件によって来る頻度も働く時間も異なっていた。1960年代半ばに直売を始めた農家で、私が調査した時には生産、直売に要する労働の約70％はボランティア（雇用者的ボランティアを含む）によるという話であった。雇用者的ボランティアの１人は農家のアパートの住人であったことがきっかけであった。他は近所でボランティア活動の様子を見ていた、口コミ等である。前掲拙著（2003）pp.135-136、p.177.

（４）市民農業大学は国分寺市農業委員会提出の「国分寺市農政施策確立に関する

建議」（1990年７月）を受け国分寺市農業振興施策の一環として1992年開校された。その目的の一つに「(4) 将来的な援農ボランティアとしての活動に向け、スキルを習得する」があるように、援農ボランティアを視野に入れた農業大学である。

https://www.city.kokubunji.tokyo.jp/kurashi/1011730/1011932/nougyou/1002116.html（2021・10・12）

（５）国立市については前掲都農林水産部『調査報告書』（1996）pp.123-126および市ウェブサイト（https://www.city.kokubunji.tokyo.jp/kurashi/1011730/1011932/nougyou/1002117.html）2021・08・23。狛江市については都農林水産部（1996）pp.127-129、小金井市については前掲拙著（2003）pp.146-149。

（６）前掲都農林水産部（1996）pp.133-141、拙著（2003）pp.142-145

（７）前掲都農林水産部（1996）p.1

（８）設置された「援農システム推進事業調査検討委員会」「同作業部会」はそれぞれ３回と４回開かれた。１回は現地調査としてA・C農家と国分寺市の市民大学施設とJA国分寺を訪問した。筆者は検討委員会に委員（会長）として参加した。

（９）以下は紹介されている事例である。東京都農林水産振興財団が『東京農業の支え手育成支援事業報告書（平成30年度～令和２年度』（2021年３月）で援農ボランティア活動を行っているNPO法人の事例を紹介している。東京都認証NPO法人のうち定款の目的に「農」が含まれる230団体に対して行ったアンケート調査である。回答は76団体（回収率33％）でこのうち都内の農地で農作業支援を行っている団体は14団体（都外の農地で活動している団体を含めると16団体）である。今回、農業委員・農業委員会にお願いした援農ボランティアについての情報提供では７通の回答を頂いた。学生のブドウ園での援農活動や自然農法の農家での援農活動など知っている事例もあったが、なかなか把握できない小規模な自主的な取り組みの事例、例えばボランティア１人という事例もあった。それらのきっかけとして体験農園の参加者がボランティアに移行した事例、直売所での常連客がボランティアになった事例などがあった。この他にも継続している小規模な活動事例はもっとあると思われる。また学生の援農活動も行われている。継続的に行われている事例として、府中市で法政大学のゼミ生が卒業生を含めて７戸の農家で月３～４回、2006年から農作業を行っている事例が紹介されているが（都産業労働局『東京農業のすがた　平成22年３月』2010年、p.13）、現時点での状況は分からない。

（10）例えば都の振興プランの前に作られた92年の練馬区振興計画「練馬区農業保全構想　新しいまちづくりに根ざす練馬農業を目指して」には援農ボランティア・農業ボランティアという言葉は見られないが、「地域住民を労働力として活かす」という視点は施設露地複合経営という専業農家が目指す都市型農業経営の展開と一緒に提起されている。次の99年「練馬区農業振興計画―区民とともに歩む練馬農業　子供たちの未来へ―」では「Ⅱ　練馬農業の振興」＞「第１章　農業経営の安定化・都市型農業の確立」＞「３　後継者対策、高齢化・担い手不足対策の充実」＞「⑵　高齢化・担い手不足対策の充実」のなかで「①体験農園卒園者や市民農園・区民農園等の利用者の活用を含めた援農ボランティア制度の検討」が施策として謳われている。どこの地域でも労働力問題は大きな課題であり、援農ボランティアの活用は各自治体の振興計画で取り上げられている。

(11)東京都労働経済局『アグリデータ’93　東京農業のすがた』は野菜のうちトウモロコシ、トマト、ニンジン、大根、キュウリは生産量の４割以上が直売所等で売られていると述べている。1992年の「練馬区農業保全構想」によれ販売額の大きな野菜、キャベツ、ホウレンソウ、小松菜の庭先販売割合（販売額）は21％、35％、42％であった。1997年度「練馬区農業経営実態調査」では「野菜･果樹市場出荷中心型」農家23.6％、「野菜･果樹直売中心型」農家31.1％、「野菜・果樹市場・直売併用型」農家11.3％となっている。

(12)この地域区分は仲宇佐達也氏が東京農業の分析を行った論文で用いたものである（東京都農業試験場『東京農業と試験研究　100年あゆみ』2001年pp.71-72。のちに『東京農業史』けやき書房　2002年、に収録）。拙著（2003）における分析でも有効な地域区分として継承した（p.50、pp.82-83注６）。本書でも同じ地域区分でその後の変化を見ている。

(13)区部の常雇の実人数は販売農家が対象であった2000年、2005年は大きな変化は見られなかったが、2010年に対象が農業経営体に変わった時に93人から1,214人に一挙に増加し、それが2015年にも継続している。常雇を多く雇う経営が農業経営体の中にいるのかもしれないがよくわからない。

(14)東京都産業労働局『東京農業のすがた』（平成29年３月）p.33

(15)個人直売所は練馬区「農産物ふれあいガイド」（2019年１月）

(16)1986年頃、東京農業の将来像について検討を行うため東京都農業会議が研究者や学識経験者の協力により設けた研究会をもとに、1989年にこれを組織化してアグリタウン研究会として発足した。主に都市農業のあり方をテーマに研究活動を行っている。これまでに都市計画制度や地域の実践をとりあげた研究会や現地視察、フォーラムの開催等に取り組んできた。（一社）東京都農業会議に事務局を置き、会長は後藤光蔵（武蔵大学名誉教授）。

(17)（公財）東京都農林水産振興財団からの受託調査。2019年度：「令和元年度　東京都内における援農ボランティア実態調査」、2020年度：「令和２年度　東京都内等における援農ボランティア実態調査」を実施し、それぞれ調査報告書を東京都農業会議から出している。

(18)後藤光蔵『都市農地の市民的利用：成熟社会の「農」を探る』日本経済評論社、

2003年、pp.123-179
(19)船戸修一「『援農ボランティア』による都市農業の持続可能性：日野市と町田市の事例から」『サステイナビリティ研究』３、2013年、pp.75-83
(20)草野拓司「農協仲介による援農ボランティアの定着要因：４つの事例の検討から」『農林金融』73（4)、2020年、pp.228-242
(21)八木洋憲・村上昌弘「都市農業経営に援農ボランティアが与える効果の解明：多品目野菜直売経営を対象として」『農業経営研究』41（1)、2003年、pp.100-103
(22)八木洋憲「都市農地の保全と市民参加」八木宏典編『農業経営の持続的成長と地域農業』養賢堂、2006年、pp.137-151
(23)八木洋憲・村上昌弘・合崎英男・福与徳文「都市近郊梨作経営における援農ボランティアの作業実態と課題」『農業経営研究』43（1)、2005年、pp.116-119
(24)八木洋憲『都市農業経営論』日本評論社、2020年、pp.85-105
(25)安藤裕貴子・大江靖雄「援農ボランティアの参加頻度の決定要因分析：千葉県我孫子市を対象として」『農業経済研究』87（4)、2016年、pp.418-423
(26)佐藤忠恭「都市農業における援農活用農家に求められる要件：神奈川県内を事例として」『神奈川県農業技術センター研究報告』161、2017年、pp.25-34

援農ボランティア活動の類型とその特徴

第2章

自治体の行う援農ボランティア事業

第1節　東京都内の区市町村における援農ボランティア関連の取組

1）都内区市町村に対するアンケート調査の概要

アグリタウン研究会が（公財）東京都農林水産振興財団から委託を受けて2019年に取り組んだ「令和元年度　東京都内における援農ボランティア実態調査」では、都内の区市町村における援農ボランティア関連事業の実施状況について把握するため自治体に対するアンケートを実施した。

東京都内の62区市町村（特別区23区、多摩地域26市と西多摩郡３町１村、島しょ部２町７村）のうち、農業委員会が置かれている44区市町村（特別区７区、多摩地域26市と西多摩郡２町、島しょ部２町７村）に調査票を配布し、島しょ部の青ヶ島村を除く43区市町村から回答を得た（なお、青ヶ島村についてはその後の聞き取りで援農ボランティアに関する事業を実施していないことを確認している）。回答者は自治体の農業振興を主管する部局の職員である。

この節では、このアンケート調査の結果から、都内の区市町村で自治体が主体になって行う援農ボランティアに関する事業の実態について見ていく。

2）都内の区市町村における援農ボランティア関連事業の実施状況

(1) 援農ボランティアに関する事業の取組状況

2018年度と2019年度に援農ボランティアにかかる何らかの事業を実施したかを聞いたところ、両年度とも22区市町村（51.2%）が「実施した」、21区市町村（48.8%）が「実施していない」と回答した。2018年度は事業を実施していたが2019年度とりやめた自治体がひとつ（八王子市）、2018年度は事業を実施していなかったが、2019年度から事業を始めた自治体がひとつ（板橋区）ある（2019年度の事業実施自治体は**表2-1**参照）。

東京都内では農業委員会が置かれている（すなわち管内に一定程度以上の農地がある）区市町村のうち半数の自治体が援農ボランティアに関する何らかの事業を実施していることがわかる。

(2) 自治体が取り組んでいること

上記で2019年度に援農ボランティアに関する事業を実施しているとした22の区市において、どのような事業を実施しているかまとめたのが**図2-1**である。

援農ボランティアの新規募集（選択肢ウ）を行うとしたのが21（95.5%）の区市である。事業に取り組むほとんどの自治体でボランティアの新規募集は毎年行うと見られる。一方、ボランティアの受け入れを希望する農家の新規募集（選択肢イ）については、15区市（68.2%）が行うとしており、自治体によっては受入農家の募集を毎年行っているわけではないことがわかる。これには、希望農家に対してボランティアの数が不足がちなため受け入れ農家の新規募集を積極的にできないなどの理由が考えられる。

また、援農ボランティアを養成するための講座や実習等を実施する区市（選択肢エ）が19（86.4%）にのぼる。この点は都内自治体の取組に見られる大

図2-1　事業実施自治体が2019年度に実施する内容（複数回答可　n=22）

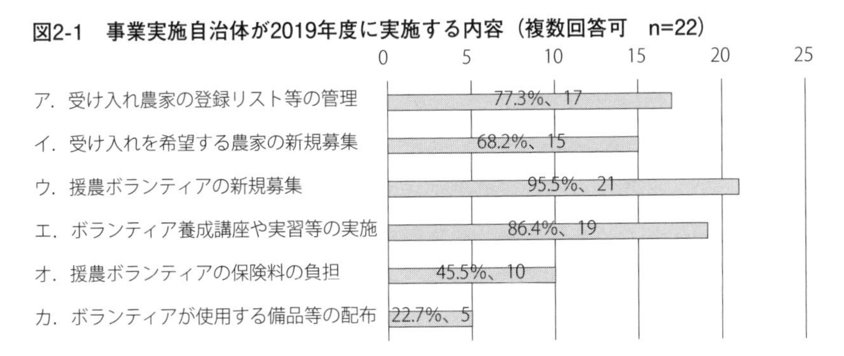

きな特徴である。養成講座や実習がどのように行われているかについては後述する。

このほか、事業に取り組む自治体では「受け入れ農家の登録リストの管理」(77.3%)、「援農ボランティアの保険料の負担」(45.5%)、「ボランティアが使用する農作業備品や消耗品の配布（手袋、帽子、地下足袋等)」(22.7%)などを行い、援農ボランティア制度を運用している。なおアンケートの設問に選択肢を設けなかったが、当然、これらの自治体では援農ボランティアと受け入れ農家のマッチングを行っている。

(3) 援農ボランティアと受け入れ農家の登録数

援農ボランティア事業に取り組む22区市における、援農ボランティアおよび受け入れ農家の登録数を**表2-1**に示した。

援農ボランティアについては府中市と東村山市を除く20の区市で登録数を明らかにしている。最も少ない板橋区で７人、最も多い三鷹市で234人であり、これら20区市の援農ボランティア登録数は合計で1,616人である。なお、援農ボランティアの募集を行っている自治体に対して他の自治体の住民も応募できるか聞いたところ、10区市が可能と回答した。

援農ボランティアの受け入れ意向があるとして登録している農家については、東村山市を除く21区市で登録数が明確に把握されている。その戸数は最も少ない東大和市で２戸、最も多い府中市で51戸であり、21区市の受け入れ農家登録数は合計で411戸である。

参考までに、東村山市を除くこれら21区市の農家戸数を示すと、総農家数は合計で5,011戸（2020年センサス)、販売農家数は2,636戸（同)、認定農業者数は943経営体（2020年３月末　都調べ）である。東京都内の場合、実態に照らしてみて自給的農家が援農ボランティアを受け入れるケースは少ないことから、試しに21区市において援農ボランティアの受け入れ意向を持つ登録農家数が販売農家数に占める割合を計算してみると15.6%になる。この割合が５割を超える区市が３つあり、それぞれ板橋区（77.8%)、葛飾区（62.5

表 2-1　事業実施自治体における援農ボランティアと受け入れ農家の登録数

(2019 年)

区市町村	登録ボランティア数(人)	登録農家数(戸)	登録農家の経営部門					参考①総農家数(戸) 1)	参考②販売農家数(戸) 1)	参考③認定農業者数(経営体) 2)
			野菜	果樹	花き	植木	その他			
世田谷区	83	8	5		3			312	171	55
板橋区	7	14	14					52	18	4
練馬区	70	33	26	5	2			394	240	75
足立区	183	7	6		1			119	54	31
葛飾区	61	40	—	—	—	—	—	104	64	40
江戸川区	59	11	10		1			143	85	35
青梅市	11	7	5			1	1	604	127	35
羽村市	30	9	7		2			94	49	7
町田市 3)	140	30	—	—	—	—	—	657	278	87
日野市	132	45	41	4				273	120	46
多摩市	23	12	11				1	70	20	5
稲城市	18	12	6	5			1	222	151	42
立川市	89	41	28	7	1	4	1	277	209	92
三鷹市	234	16	10	4	1	1		246	183	68
府中市	—	51	44	4		1	2	276	143	67
小金井市	25	5	5					127	81	24
小平市	230	20	20					273	187	68
東村山市	—	—	—	—	—	—	—	252	150	59
国分寺市	78	23	21		2			176	137	43
西東京市	120	18	11	6	1			187	128	54
武蔵村山市	14	7	6	1				265	128	41
東大和市	9	2	2					140	63	24
合計	1,616	411	278	36	14	7	6	5,263	2,786	1,002
東村山市を除く 21 区市の合計⇒								5,011	2,636	943

注：1）2020 年農林業センサス
　　2）2020 年 3 月末東京都調べ
　　3）町田市ではボランティアや農家の登録、マッチングを行う主体は市ではなく「NPO 法人たがやす」であり、市はこの法人に補助金を出して活動を支援している

%)、多摩市（60.0%）である。

また受け入れ農家の経営部門について見ると、登録農家の経営部門を把握している19区市の341戸では、その経営部門別割合は野菜経営が81.5%、果樹経営が10.6%、花き経営が4.1%、植木経営が2.1%となっている。

(4) 援農ボランティアの活動実績

自治体の援農ボランティア事業に登録している援農ボランティアならびに受け入れ農家の数は上記のとおりだが、登録しているボランティアの全てが必ずしも実際にボランティア活動を実践しているとは限らない。また事業に

登録している農家の全てが実際にボランティアを受け入れているわけではない。

実際に活動した援農ボランティアの人数や、その活動実績、それを受け入れた農家の戸数については、事業を実施している全ての自治体において把握されているわけではないので、ここではアンケートの回答から2018年度1年間の実態がわかる葛飾区と稲城市の2区市の例を示す（なお、下記で示す数値について実績は2018年度、登録数は2019年時点の数値なので厳密にはずれがある）。

葛飾区では、2018年度の1年間に登録している61人の援農ボランティアのうち50人が実際に活動し、登録農家40戸のうち8戸の農家がこれを受け入れた。1年間のボランティアの延べ活動人数は338人（活動人数×活動日数）であり、実際に活動したボランティア1人当たりの年間活動日数は平均すると6.8日である。農家1戸当たりでは、平均して年間に延べ42.2人のボランティアを受け入れたことになる。

稲城市では、2018年度の1年間に登録している18人の援農ボランティアのうち14人が実際に活動し、登録農家12戸のうち7戸の農家がこれを受け入れた。1年間のボランティアの延べ活動人数は125人（活動人数×活動日数）であり、実際に活動したボランティア1人当たりの年間活動日数は平均すると8.9日である。農家1戸当たりでは、平均して年間に17.9人のボランティアを受け入れたことになる。

このほか、ヒアリング等の調査を行った足立区、練馬区、日野市、国分寺市の実態については次節で詳しく取り上げる。

(5) 援農ボランティアと受け入れ農家のマッチングの方法

自治体が実施する援農ボランティア関連事業のなかでも、ボランティアと受け入れ農家をマッチングする方法には自治体ごとの違いが見られる。

まず、援農ボランティアと受け入れ農家との組み合わせをどう作るかについて、両者をマッチングした後にはその関係がほぼ固定されるタイプと、農家から援農の希望が出されるたびに都合の合うボランティアが参加するタイプと、大きく二つのタイプに分かれる。事業を実施している22自治体のうち、「受け入れ農家ごとに援農ボランティアがほぼ固定している」が13（59.1%）、「農家から希望が出されるごとに都合の合うボランティアが参加する」が6（27.3%）となっており、組み合わせが固定されるタイプの方が多い。このほか、稲城市や西東京市では両方のタイプが混在している。

また、受け入れ農家からのボランティア派遣の希望と援農ボランティアの都合を日常的にどのように調整しているかについては、「自治体が双方の間に立って調整する」が9（40.9%）、「受け入れ農家が自らボランティアとの連絡・調整を行う」が8（36.4%）となっている。このほか、「JAやNPO法人等が双方の間に立って調整する」が町田市1市である（町田市ではボランティア派遣を行う主体は市ではなく「NPO法人たがやす」であり市はこの法人に補助金を出して活動を支援している）。さらに「その他」として、「『農の学校』運営委託事業者が委託事業の一環として実施」（練馬区）、「市・JA・NPO法人が調整」（日野市）、「受け入れ農家の調整をJAが、ボランティアの調整を市が行い、両者でマッチングする」（国分寺市）などの例がある。

この両者のマッチングの方法は、農家とボランティアの双方にとって制度の使いやすさや、相手との関係の築き方に関わっており、どういった方法がとられるかによって、各自治体における援農ボランティア制度のあり方が特徴付けられている。

(6) 援農ボランティアを養成するための講座・実習

上記（2）で述べたとおり、援農ボランティア事業に取り組む22区市のうち19区市（86.4%）で援農ボランティアを養成するための講座や実習が実施されている。このことは都内における自治体による援農ボランティア関連事業の大きな特徴と言える。

なお、これら19区市の全てでボランティアになろうという人々に講座や実習への参加を義務付けているわけではなく、ボランティア登録の際に講座や実習等への参加を必須条件としているのは14区市である。

講座や実習を実施する体制としては、複数回答可で聞いたところ「自治体が主体になって実施する」が９区市（47.4%）、「JAに委託して実施」が４区市（21.1%）である。これらのうち１市（稲城市）は自治体とJAが協力して実施するとして重複している。また、これらと別に「NPO法人や団体に委託して実施」が１市（町田市）ある（ただし町田市の「NPO法人たがやす」が市から受託して実施する講座は必ずしも援農ボランティアの育成のみを目的とはしていない）。

さらに、（公財）東京都農林水産振興財団の「東京の青空塾」を活用する自治体が７区市（36.8%）ある。（公財）東京都農林水産振興財団では、援農ボランティア事業に取り組む区市を支援するため援農ボランティア養成講座「東京の青空塾」を開設して講義などの研修や修了者の認定を行っており、これら７区市のうち５区市はその自治体におけるボランティア養成の取組が「東京の青空塾」の活用のみ、２区市は自治体やJA主体による実習等と組み合わせた活用となっている。

このほか、講座や実習について「区内農家の指導による農作業体験塾を実施」（世田谷区）、「体験型農園の園主に委託して実施」（立川市）といった方式も見られる。

農作業実習を行う区市のうち、15区市（68.2%）では実習場所が確保されている。このうち実習専用の農場があるという自治体が８区市あり、残りのうち６区市は「管内の農家の畑などで実習を行う」、１市は「市民農園の空いている場所を利用して行う」としている。

（7）援農ボランティア制度の効果

2019年度に援農ボランティアに関する事業を実施している22自治体に対し、援農ボランティア制度を実施していることでどんな効果があるかを聞いた設問に対する回答（複数回答可）を集計したのが**図2-2**である。

これを見ると、「農家の労働力不足を補っている」（95.5%）、「地域住民に

図2-2　援農ボランティア制度の効果（複数回答可 n=22）

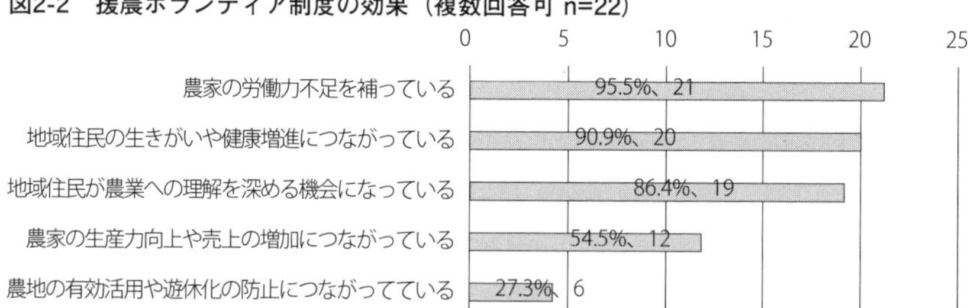

とって生きがいや健康増進につながっている」(90.9%)、「地域住民等が農業に対する理解を深める機会になっている」(86.4%) の３つの選択肢を選んだ割合が非常に高い。

回答した事業担当者にとって、こうした事業が援農ボランティアを受け入れる農家における労働力の補完に役立っている、そしてボランティア自身にとっても有益、さらに農業行政が目指す地域住民の農業への理解醸成にも効果が大きいという実感が得られていると考えられる。

さらに、「農家の生産力向上や売上の増加につながっている」という回答も54.5%ある。事業を実施している区市町村の半数以上で援農ボランティアが農家の労働力の補完という役割にとどまらず、受け入れ農家の生産力の向上にまでつながっていると認識されている。この結果は、援農ボランティアを積極的に受け入れている農家には「生産を維持したいが労働力不足という課題を抱えている農家」だけでなく、「労働力が確保できれば生産量や売上の向上につなげたい意欲的な農家」も存在することを示唆している。

(8) 事業を実施していない自治体の意向

2019年度に援農ボランティアに関する事業を実施しなかった21自治体に対して実施しない理由を複数回答可で聞いた。もっとも多い回答が「自治体の事業実施体制が整っていない（人員・予算など）」(66.7%) で、次いで多いのが「農業者からの要望が無かった」(47.6%) である。さらに「住民による援農ボランティアへの応募が見込めない」(33.3%)、「事業実施にあたってのノウハウが無い」(33.3％)、「過去には実施していたが、うまくいかなかった経緯がある」(23.8％) となっている。

これらの自治体に今後の事業実施の予定について聞いたところ、「実施する予定は無い」という区市町村が47.6％と半数近くを占める一方、「今後、実施する予定」が9.5％、「今後の実施を検討している」が23.8％あり、援農ボランティア関連事業に取り組む自治体は徐々に増えていくと考えられる。

(9) 自治体が望む支援策

自治体として援農ボランティアに関する事業を実施しているかどうかにかかわらず、調査対象の43自治体に対し、援農ボランティア制度について都や(公財) 東京都農林水産振興財団に望む支援策を聞いた。最も多い回答が「ボランティア制度のノウハウに対する指導や援助」(44.2％) で、次いで「制度の運用や養成に対する補助金の創設」(34.9％)、「各自治体が取り組む制度に関する都民への宣伝や啓発」(30.2％) となっている。

ボランティアに関する事業に取り組んでいる自治体においてもその取組内容や方法は様々であり、画一的なマニュアルを作るのは難しいかもしれないが、これから事業に取り組む自治体を増やすためにはノウハウや先進事例の情報提供といった支援が必要と考えられる。また、援農ボランティア制度が農家の労働力不足解消や、ボランティアに参加する地域住民の生きがい、健康増進といった面で実際に効果を上げていることを踏まえれば、財政が厳しい自治体でも希望すれば事業に取り組めるよう、国や都による支援の充実が望まれる。

第2節　自治体主導による援農ボランティア制度の展開

1) 取り上げる事例の特徴

本節では、第1節で見てきたアンケート調査の結果および分析を踏まえ、自治体が主導する援農ボランティア制度の運営の実態と特徴について見てい

表 2-2　事例の概要

	足立区	国分寺市	練馬区	日野市
開始年	2005 年	1998 年	2005 年	2006 年
作目	野菜、花き	野菜、花き	野菜、花き	野菜
事前講習	有	有	有	有
ボランティア数	53	78	58	108
受入農家数	7	19	40	42
マッチング	作業依頼ごと	年 1 回	通年	年 1 回
運営主体	行政のみ	行政、JA	行政、企業	行政、JA、NPO
運営方法	全ての業務を行政が担当	行政が主体で、JA に事業の一部を委託	企業に事業の全てを委託	行政、JA、ボランティアが組織した NPO が協働

資料：現地調査より筆者作成
注：1）足立区と国分寺市の開始年は、単独で開始した年
　　2）ボランティア数、受入農家数については足立区、国分寺市が 2019 年度、練馬区、日野市が 2020 年度の数字

く。

足立区、国分寺市、練馬区、日野市を対象に援農ボランティア事業を管轄する担当者へのヒアリングを実施し、その概要を**表2-2**のとおり整理した。国分寺市は20年以上、足立区、日野市、練馬区も15年以上の実績がある。足立区は、比較的規模が小さい。いずれも事前講習を実施し、多品目の野菜農家が中心となってボランティアを受け入れている。

2）足立区 (1)

足立区の農業ボランティア事業は、2003年度から始まった。東京都農林水産振興財団の「東京の青空塾事業」の資料では2003～2004年度の２年間は青空塾事業とつながりがあったことがわかる。2005年度からは、区の単独の事業として運営されている。

(1) 事前講習

事前講習は、区が主催する「農業ボランティア養成講座」の受講である。20歳以上で区内在住者を対象にしており、定員は15名である。毎年４月に区報と区のホームページで広報を行い、毎年10～13名ほどが集まる。2008年度の19名が最も多く、2016年度の８名が最も少なかった。

養成講座は年間10回以上、20時間以上実施する。2019年度は６月～11月に、12回の講座を行った。12回のうち11回は農家の圃場で実習（野菜10回、花１回)、１回が東京都農林総合研究センター江戸川分場での講義（病害虫防除、農薬の使い方と散布）であった。

講師となる農家は７戸で、そのうち６戸がボランティアを受け入れている。７戸の農家がそれぞれ①小松菜（２回)、②春菊とブロッコリー（２回)、③菊とアスパラ（２回)、④花壇苗と葉ボタン（２回)、⑤トマト（１回)、⑥紫芽（ムラメ、１回)、⑦トマト（１回）を担当する。⑥は受入農家ではないが､区の特徴的な作物である紫芽（刺身のツマなどに使用する赤じその芽）を知ってもらうためである。

講師には、講師料と農地の使用料が区から支払われる。交通費を除いて受講生の負担はなく、ボランティア保険は区が負担する。

出席率が70％以上の受講者に認定証が交付され、改めてボランティアとして登録する。ただし、出席率が70％未満であっても、講師などからボランティアとして適格であると推薦があれば認定書を交付することができる（この場合、50％以上の出席率が必要)。受講者の80％ほどが修了しているという。2018年度は12名が修了し、そのうち８名がボランティアとして登録した。

(2) ボランティアと受入農家のマッチング

受入農家は登録制ではない。区内の農家であれば、誰でもボランティアを依頼することができる。2019年度は、７戸（野菜：６戸、花き：１戸）の農家が受け入れた。2017年度は10戸、2018年度は９戸で、受入農家は固定されている。

ボランティア派遣の依頼は、活動日の１週間前までに、電話などで「希望日時」「作業内容」「作業時間」「雨天の場合は中止かどうか」などを区の農業振興係に連絡する。例えば、「袋詰めだから女性が何名必要」というように作業によって男女別や年齢に対する希望があるという。その後、申請書を活動日の５日前までに農業振興係に提出する。農家に対し、受け入れの際の注意事項など説明会は実施していない。誰でも依頼は可能だが、受け入れる農家が毎年、固定されているからであろう。

農家からボランティア派遣の依頼があった後、農業振興係の担当者はボランティアとのマッチングを行う。マッチングは、養成講座の修了時に希望する受入農家や活動可能回数などについてアンケートを取っており、ボランティアの意向も踏まえてその都度区の担当者が個別に都合を聞き、農家に紹介している。

農家とボランティアは、固定した関係ではない。ただし、活動の積み重ねの中で、ボランティアは同じ農家に継続的に派遣されることになり、徐々に固定化されている。

作業の終了後、受入農家は報告書を区に提出する。ボランティアと農家の相性を考慮しながらマッチングしているが、両者からクレームが出る場合もある。その場合、本人には直接言わず、次回の派遣先を変更するなど区の担当者が調整を行うという。

活動自体は、ボランティアと受入農家に任せてしまう。事前に区の担当者が間に入り、希望に応じてマッチングを行うと、全ての希望どおりになるわけではないが、受入農家にとっては作業内容や時期によって必要とする性別や人数が異なるのでそれに応えてくれるという点できめ細やかな対応になる。ボランティアにとっても、受入農家を変更できることは、相性などを含め、様々な経験にもつながる。

作業依頼ごとに都度調整するこの制度は、区の担当者の負担が大きくなることが課題だが、受入農家数は他自治体と比較して多くはなく、対応できる範囲ともいえるだろう。

(3) 活動の現状

表2-3は、農業ボランティア事業の実績である。実際にボランティア活動をした人（②活動実人数）は2017年度：41人、2018年度：56人と増加しているが、それに比して延べ派遣人数は増加していない。つまり、活動実人数1

表 2-3　農業ボランティア事業の実績

	農業ボランティア（人）				⑤受入農家数
	①登録人数	②活動実人数	③延べ派遣人数	④ (③÷②)	
2017 年度	161	41	3,158	77	10
2018 年度	171	56	3,218	57	9
2019 年度	183	53	3,002	57	7

資料：足立区提供資料より後藤が作成
注：2019 年度は，年度途中の数字

人当たりの活動回（日）数は、2017年度から18年度にかけて77回（日）から57回（日）に減少している。

ボランティアの最年少は30代、最高齢は83歳である。活動の状況は、月１回、週１回、週２回、週３回、週５回など様々で、最も活動に参加しているのは60代後半から70代後半になる。2018年度の受講生の中には、岡山県に新規就農した40代の人がいるという。

この制度を知れば、「ボランティアを使いたい」という農家が今後増えるかもしれないと区の担当部署は考えている。しかし、ボランティアにどこまで任せられるかなどを気にする人も多い。その点を気にしてしまうと、あえて活用するということにはならず、結果として毎年受入農家が固定されてしまう。ボランティア受け入れのPRは、『農業委員会だより』に記載するが、それ以上のことは特にしていない。

3）国分寺市 (2)

国分寺市では東京都の要請を受け、1996年度から「援農ボランティア・モデル事業」を開始した。モデル事業が終了すると、1998年度からは市単独で「援農ボランティア推進事業」に取り組んでいる。

(1) 事前講習

事前講習は、「国分寺市市民農業大学（以下、市民農業大学)」と「援農技術習得講座（以下、習得講座)」の受講である。市民農業大学と援農ボランティア推進事業は、JA東京むさしに委託している。委託費は市民農業大学が毎年約200万円、援農ボランティア推進事業が20万円である。

市民農業大学の期間は、４月から12月までの約８か月である。この間に、約100回の講義を実施する。募集人数は30名で、市内在住者限定である。市が発行する広報などをつうじて募集を呼び掛けている。受講生には市が農家から借りた実習専用の圃場があり、座学はJA東京むさし国分寺支店で実施する。受講料は１万円である。

実習は、前期（春夏野菜）と後期（秋冬野菜）に分けて進めている。作業日は、水、土、日曜日の週３回である。講義は、野菜栽培がメインとなる。そのほかに、植木、鉢花、果樹の実習が２回ずつあり、座学は作目ごとに１回ずつ準備されている。

出席率30％以上の受講生には、修了証書が授与される。途中で中断してしまうケースは家庭の事情や体調不良が主な理由で、毎年１～２名程度しかいない。

また、ボランティア希望の受講生を対象に実施する習得講座は、認定のための特別講義という位置付けで、受講料は無料である。

講座内容は、「実習」「座学」「体験」に分かれている。実習は習得講座用に別日程を設けるのではなく、市民農業大学の受講で一定条件達成できる内容にしている。座学と体験は習得講座独自の講座で、土、日曜日に３回ずつ実施する。座学では援農ボランティアの意義と心構えを学び、体験では実際にボランティアを受け入れている農家で２時間ほど作業を行い、援農の具体的なイメージを掴む。

習得講座の出席率が70％以上の受講生には、認定証が交付される。受講生は認定を受けると、基本的に全員がボランティアとして登録し、翌年度から活動を開始する。

(2) ボランティアと受入農家のマッチング

2019年度時点で、市民農業大学修了生：991人のうち、ボランティア登録者は784人である。受入農家は援農ボランティア受入農家推進協議会（事務局：

JA）に所属し、2019年度時点で23戸、そのうち野菜が21戸、花きが２戸である。

毎年２月から３月にかけてマッチングと顔合わせを実施する。２月上旬の援農ボランティア事業説明会は、ボランティア希望者と新たにボランティアを受け入れたい農家が対象である。

参加した農家が自己紹介、農業経営の紹介、援農の内容、受け入れ希望日などを説明し、ボランティア希望者は不明な点があればその場で質問ができる。すでにボランティアを受け入れ、新規で受け入れを希望しない農家はこの説明会には参加しない。援農ボランティアを増やしたい、新規で受け入れたいという農家が対象で、毎年５戸ほどが希望するという。

同日の午後には、援農ボランティア受入農家推進協議会が主催で、受入農家と活動しているボランティアが全員集まって会食し、交流会を開催する。午前の事業説明会に参加したボランティア希望者にも案内を出し、先輩ボランティアの体験談なども共有できる。

その後、２月中旬まで募集し、ボランティア希望者は活動可能な曜日、午前/午後の時間帯、活動希望場所について「自宅の近隣のみ可能」「自宅から遠くても可能」「どちらでも良い」の選択、要望など記入した「援農ボランティア活動希望調査票」を市民生活部経済課に提出する。

経済課担当者はボランティア側の調整を行い、集まった情報を受入農家の窓口であるJAに提供し、両者のマッチングを行う。通年のボランティア継続が市の意向で、自宅から近い農家をマッチングの前提条件にしている。

３月上旬にボランティアと受入農家の顔合わせ会を行い、４月から活動が開始となる。マッチングは年１回のみで、ボランティアと受入農家の関係は固定されている。活動の日数や期間、内容などは両者の話し合いで決める。

(3) 活動の現状

ボランティア派遣者数（実人数）は、2010年度が69人で最も少なく、2016年度が94人で最も多かった。2019年度時点で派遣者数は78人、受入農家数は

図2-3　2019年度に活動した援農ボランティアの登録年度（単位：人）

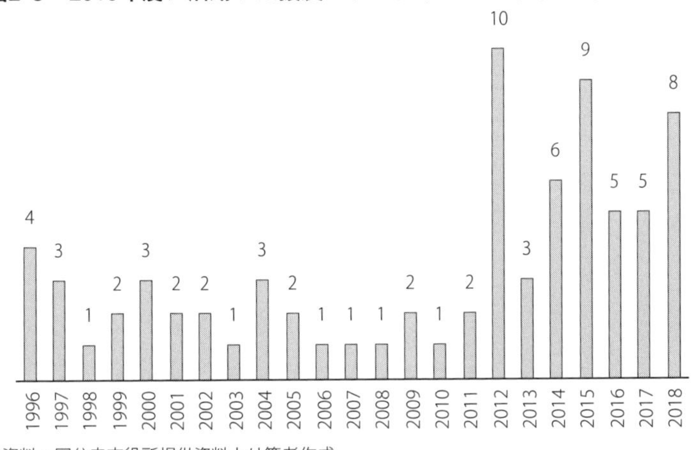

資料：国分寺市役所提供資料より筆者作成
注：１人は不明、合計77人

19戸である。ボランティア登録者：748人のうち、１割ほどが実際に活動している。

図2-3は、2019年度に活動したボランティアの登録年度である。事業が始まった1996年度の登録者は長年活動しており、受入農家と安定的な関係性を構築している様子が伺える。ボランティアは辞退者、新規活動者が入れ替わりながら補充され、毎年80人前後が活動している。新規活動者の数は毎年異なるが、平均すると５人ほどで、それらは全て前年度に登録したボランティアである。

ボランティアの休止理由は、高齢化、それに伴う体力の問題、病気、介護など家庭の事情でやむを得ないケースが多いが、受入農家との性格や考え方の不一致で休止することもある。休止したものの、今後も活動を希望するボランティアについては、経済課担当者が受入農家を紹介するなどフォローを行う。

現在の課題は、ボランティアの減少である。これは、入り口として位置付けている市民農業大学の受講生の減少に加えて、修了し、ボランティアに登録したとしても実際に活動している割合が少ないことが原因である。

ボランティアの育成と活動が切り離されており、ここに連続性を持たせる必要がある。毎年度、新規登録者しか応募がないため、市民農業大学の受講生が少ないとボランティアが確保できないという構造的な問題を常に抱えている。これまでの積み重ねで、ボランティアの登録者は700人以上もいる。そのような過年度の登録者を掘り起こし、アプローチできる仕組みが求められる。

4）練馬区[3]

練馬区では、2005年度から2013年度にかけて「農作業ヘルパー・援農ボランティア養成研修」、2012年度から2014年度にかけて「農作業ヘルパー・援農ボランティアフォローアップ研修」を実施していた。その後、基本的な技術、知識を学んだボランティアの育成、受入農家とのマッチングを重視し、制度のさらなる発展を目指して「練馬区農の学校（以下、農の学校）」を開校した。

(1) 事前講習

農の学校は、2015年３月に開校した。実習用の施設として、研修コースごとの圃場４区画、ビニールハウス１棟、農具庫、倉庫、堆肥場が備わっている。運営についてはプロポーザルを行い、区内で造園業を経営するアゴラ造園株式会社に委託している。

事務局の役割は、農の学校の情報発信（HPの作成など）、ボランティアの育成（農の学校の運営、施設および実習圃場の管理）、マッチング、交流会や収穫祭などイベントの運営である。

カリキュラムなど事業内容の検討は、練馬区農の学校運営協議会が行う。この協議会は事務局、JA東京あおば、農業委員会委員、農業者、区の都市農業課長で構成され、事務局がマッチングの進捗状況など定期的に報告書を提出し、議論する。最終的な決定事項は、区が判断する。

受講生は、毎年12月上旬に区報、区や農の学校のHPなどをつうじて募集する。初級コースは、応募の際、活動への意気込みを200字程度書き、事業の主旨を理解しているかなどを基準に決定する。あくまで農作業支援が目的であり、「土いじりを楽しみたい」などの動機は断るという。

研修コースは、「農とふれあい・体験コース」「初級コース」「中級コース」「上級コース」の4つに分かれている。いずれも区民が対象で、初級・中級・上級コースは、教材費として10,000円を支払う。ボランティア保険は、2019年度から区で一律加入するようにした。

初級を修了すると、「ねりま農サポーター（以下、農サポーター）」に認定され、ボランティアとして活動を行う。中級・上級は、フォローアップ／スキルアップ研修という位置付けで、初級修了後、ひとつずつステップアップできる。

初級・中級・上級コースは、全20回のうち3回が座学である。講習は土、日曜日に2時間行う。高齢の受講生でも働いている人が多く、講師の都合も考えて土、日曜日に設定している。講習の期間は、3月から7月下旬までの前期（春夏野菜）と8月下旬から12月までの後期（秋冬野菜）に分かれている。カリキュラムは、「実技講習」「座学講習」「援農体験会／農家実習」で構成され、いずれも全20回のうち8割以上の出席で修了となる。

初級の定員は15名で、毎年それを上回る応募がある。2015年～2020年までの申込者数は273名で、定員の2.6倍である。初級受講者は全員修了し、農サポーターとして認定されている。農サポーターは、特段の理由がない限り、中級・上級に進んでいる。

(2) ボランティアと受入農家のマッチング

受入農家数は、2016年の17戸から年々増加し、2020年12月時点で40戸である。作目は野菜が大半で、イチゴ、花き農家もいる。年齢層は60～70代が中心で、30代は数名しかいない。受入農家の募集は、『農業委員会だより』で案内を出す。事務局は希望する農家を訪問し、事業の説明や支援の必要な作業内容などを確認している。

農サポーターとして認定されると、受入農家とのマッチングに至るまで3つのステップを踏む。マッチングは、事務局1名がメールや電話で個別に対応している。農家からの希望があれば、その都度マッチングを行う。

第1ステップは、引き合わせである。農サポーターは受入農家を訪問し、経営の現状、作業内容、頻度など説明を受け、支援内容を共有する。その際、圃場も見学する。第2ステップは、作業体験である。引き合わせ後、活動を希望する場合、農作業を体験する。実際に作業ができるか、無理なく継続できるか、農家と仲良くできるかなどを確認する。第3ステップは、受入農家と農サポーターの合意のもとマッチングの成立となり、正式に活動を開始する。

事務局は全てのステップに立ち会い、受入農家と農サポーターの間を取り持っている。農サポーターは通年で活動を行い、作業内容や頻度、時間は受入農家と直接決める。

(3) 活動の現状

農サポーターは、5期生修了時点で登録者数：85名、属性は男性：55名、女性：30名である。

表2-4は、農サポーターのマッチング率の内訳である。マッチング率は、2020年12月時点で68%である。ただし、マッチングは常時行っているため、その割合は変動する。マッチングの総件数は71件で、複数の農家で活動する

表2-4　ねりま農サポーターのマッチング率の推移

年	登録者数	マッチング人数	割合
2015年（1期生）	25名	20名	80%
2016年（2期生）	15名	13名	86%
2017年（3期生）	15名	9名	60%
2018年（4期生）	15名	9名	60%
2019年（5期生）	15名	7名	46%
合計	85名	58名	68%

資料：農の学校事務局提供資料より筆者作成

農サポーターもいる。

事務局は年1回アンケート調査を実施し、活動状況を把握している。さらに、毎年12月に「ねりま農サポーター交流会」を開催し、活動報告やグループディスカッション、区の職員や事務局と意見交換を行っている。

マッチング率の低下には、いくつかの要因がある。ひとつは、農サポーターの増加である。農サポーターの登録者は、2020年度が修了すると100名になる。農サポーターは、毎年15名ずつ増加する。それに比して、受入農家が増加するわけではないため、マッチング率は低下する。

一方で、もうひとつの要因として全ての受入農家がマッチングできていないというミスマッチが生じている。これは、地理的な問題が背景にある。

事務局がマッチングの際に重視するのは、自宅からの距離である。「遠くて行けない」というのが、農サポーターが断る最たる理由で、自転車で15分以内を目安にしている。

受入農家と農サポーターの居住地には、偏りがある。住宅地は、区の東側に広がっている。農の学校は区の中央やや東側の高松地区にあり、受講生の居住地もこの周辺が多い。農地は西側に多く、受入農家も北西地域に集まっている。練馬区は横に長く、移動に時間がかかる。そのため、交通手段がない農サポーターは通いにくいという。

交通アクセスが良い受入農家は、既に農サポーターを受け入れており、交通アクセスが悪い受入農家は、いつまでもマッチングができない状況に置かれている。

5）日野市[4]

日野市は、1998年3月に全国で初となる「農業基本条例」を制定した。農業基本条例では、農業を市の基幹産業として位置付け、市、農家とともに市民の責務を掲げた。農業施策の基本事項を推進していくために策定した「第2次農業振興計画・前期アクションプラン」(2004年～2008年）において、2005年1月に援農市民養成講座「農の学校」を開校した。

2006年には、農の学校の第1期修了生が親睦団体として「援農の会」を結成し、援農ボランティア活動を開始した。その後、援農の会は「日野人・援農の会」と改称し、2012年4月にNPO法人化した。

(1) 事前講習

事前講習は、農の学校と2014年5月から援農の会が市からの委託管理事業として運営する「援農・野菜栽培塾（以下、野菜栽培塾）」で行っている。応募資格は、いずれも修了後ボランティアとして活動ができることで、対象は市内および近隣市の在住者である。

農の学校の定員は、20名である。実施期間は1月～12月までの1年間で、1月に入校式を行い、圃場実習と座学を受け、12月に修了となる。「ひのよさこい祭り」や「産業まつり農業展」で、農の学校のPR活動も受講生で行う。

校長は市長、講師は農の学校世話人と地元のベテラン農家、農業委員会のメンバーなどが担当し、JA東京みなみが協力している。講習は、圃場実習と座学がある。圃場実習が平日の9:30～11:30、座学は実習後の12:30～14:30に実施する。

実習は専用の圃場があり、土づくり、鍬・草かきなど道具の使い方、種まき、除草、間引き、収穫作業を全30回実施する。6月から9月の農繁期は月4～5回の実習があり、除草など圃場管理を含めて週1回のペースで作業を行う。作業は収穫を残し、11月中に終える。

また、野菜栽培塾の定員は10名である。毎年3月に市報や援農の会のHPなどで募集する。3月下旬から12月の第2、第4日曜日の午前に援農の会が2013年に運営と農機具の委託管理業務を請け負った日野市立七ツ塚ファーマーズセンター「第2交流農園」で実習を行う（3月と12月は1回のみ）。市内農家での援農実習も1回ある。

農の学校と異なる点は、ボランティア保険料と収穫祭など1,000円の参加費が必要になること、指導は援農の会会員が担当すること、日曜日開催で現役世代も受講できることである。

農の学校は、毎年15～20名の修了生を出している。ここ数年は減少しており、応募者の増加が課題である。野菜栽培塾の修了生は毎年3～5名で、両者を合わせて年間約20名の新規ボランティアを育成している。修了生の合計は、農の学校：267名、野菜栽培塾：30名になる。

(2) ボランティアと受入農家のマッチング

2013年4月、援農の会、JA東京みなみ、市の3者で「日野市援農ボランティア紹介斡旋調整事業に関する協定（以下、3者協定）」を締結し、受入農家とボランティアのマッチングから派遣、その後のケアを含めて制度運営の全体を管理している。

それまでは、市とJA東京みなみが調整を行っていた。その一部を援農の会がサポートすることになっていたが、当時は任意団体であったため、うまく役割を担うことができなかったという。法人化後、ボランティアのコーディネートの円滑化を目的に、3者協定を締結した。改めて、役割分担を明確にし、実行性のある協働体制を整えた。

図2-4は、3者協定におけるマッチングから活動までの流れについてである。農の学校と野菜栽培塾の修了生は、援農の会に入会する。同時に、活動

図2-4　3者協定におけるマッチングから活動までの流れ

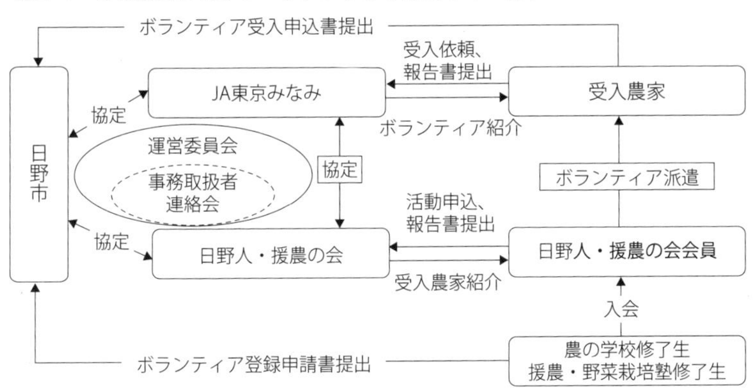

資料：NPO法人日野人・援農の会提供資料より筆者作成

希望者は登録申請書を市に提出し、ボランティアとして登録する。受入農家は、ボランティア受入申込書を市に提出する。

運営委員会は、毎年1月に意向調査アンケートを会員と受入農家に実施する。会員の場合は活動の継続可否、活動可能日、往復の行程、受入農家の継続希望or変更、スポット援農の可否など、受入農家の場合は受け入れの可否、ボランティアの継続希望or変更、新規ボランティア受入可否を聞き、ボランティア受け入れ可能な農家については、作業内容や希望時間など年間意向調査も提出する。

このアンケート調査をもとに、運営委員会がマッチングを行い、2月中旬に決定する。マッチングの際、事前に顔合わせや援農体験などは実施していない。既に活動しているボランティアと受入農家の希望を優先し、それを踏まえて、受入農家を継続希望しないボランティアと新規登録者を調整する。マッチング率は95%だが、毎年3～4名はマッチングできない。特に新規登録者のマッチングは、受入農家がなかなか見つからず、苦労するという。マッチングは年1回で、不成立の場合は期間中に調整を図ることにしている。

ボランティアは、2月に受入農家が決まり、3月上旬から活動を開始する。原則、通年での活動となり、具体的な作業日程や時間、内容などは両者で決める。

受入農家、ボランティアともに月1回、活動日、援農時間、延べ日数、延べ時間、作業内容など活動実績の月次報告書を提出する。援農ボランティアの報告書回収率は90%と高く、細かく活動状況の把握ができている。作業報告書には意見、質問の記入欄があり、その内容については事務取扱者連絡会で検討する。苦情などもあり、頻繁に話し合いを行っている。

援農の会は、活動に問題が生じた場合、直接ボランティアと話し合う。例えば、受入農家と何らかの理由で合わなかった場合、別の農家を紹介する。受入農家にはJAから変更を伝えて配慮し、微妙な調整を両者で分担している。

1年間活動を行うと、それ以降も同一農家で継続するボランティアがほとんどである。活動が継続すると、段取りや農家の性格も理解でき、作業がスムーズに進む。制度開始当初から参加している農家もいて、世代交代してもボランティアを受け入れ続けているという。

(3) 活動の現状

受入農家の作目は、野菜、果樹、花きで、その中心は野菜である。ボランティアは耕作の準備、播種、定植、除草、収穫など幅広い作業に取り組んでいる。最も多い作業は除草で、その次は収穫である。長年経験を積んだボランティアは、農家と一緒に土づくりも行っている。機械操作は基本的に禁止だが、受入農家からの要望は増えている。

表2-5は、活動実績の推移である。2012年度からの動向を見ると、受入農家数とともにボランティア数、年間延べ活動日数および活動時間が増加しており、作業依頼の需要に応えていることがわかる。

2020年度は、108名の会員が42戸の農家で活動を行っている。すべての会員が活動しているわけではなく、就業や介護、地域活動などの理由で活動休止中もいる。例年、活動開始後、10名ほどが途中で辞めていくという。

2019年度は、延べ活動日数：3,948日、延べ活動時間：11,769時間で、１日約３時間、月320 ～ 330日活動を行った。農繁期は月450日ほど、農閑期は月120日ほどになる。１月は１ヵ月農作業がない農家もいる。農作業が多い月

表 2-5　受入農家数、ボランティア数、延べ活動日数および活動時間の推移

年度	受入農家数（戸）	ボランティア数（名）	延べ活動日数（日）	延べ活動時間（時間）
2012	32	68	2,644	8,750
2013	35	70	2,960	9,726
2014	39	78	3,349	10,693
2015	43	82	3,415	10,473
2016	45	90	3,618	11,075
2017	45	102	3,869	11,870
2018	44	103	3,932	12,000
2019	43	102	3,948	11,769
2020	42	108	－	－

資料：NPO 法人日野人・援農の会提供資料より筆者作成
注：１）各年４月１日～3月31日
　　２）2020 年度は、調査時点で未集計

は4～6月、9～10月、少ない月は露地野菜の作付けがない7～8月、作業自体が少ない1～2月である。

受入農家の要望をまとめると、農繁期には750日ほど必要になるという。現状の活動では、農家の要望には応えることができない。ただし、1人3時間以上、週1回以上、1戸以上となると、ボランティアへの負担が大きくなり、活動自体の継続が危ぶまれる。受入農家側からの要望に対し、調整も難しくなっている。農の学校の受講生が減少する中、ボランティア数の増加が求められる。

6）特徴

以上、4つの自治体における援農ボランティア制度の運営方法、現状と課題について見てきた。制度の運営方法を比較すると、行政のみの足立区、行政とJAによる国分寺市のタイプがあり、これらを行政が主導する「従来型」とすると、日野市はボランティアが組織するNPOとの「協働型」、練馬区は企業への「運営委託型」となる。

都内では従来型が大半を占めるが、行政やJAがきめ細やかな対応をどこまでできるかが課題である。例えば、年1回のマッチングでボランティアと受入農家を固定するパターンがほとんどである。国分寺市や日野市でも、「マッチングは年1回でなければ負担が大きく、対応できない」と担当者から聞かれた。練馬区は周年で対応しているが、ボランティア数が毎年一定数増加する中で、その対応にも限界が見え始めている。

足立区のように依頼毎対応するのは極めて稀である。足立区の場合は、規模が比較的小さく、担当者が対応できる範囲内ともいえるが、規模が大きくなれば仕事の範囲を超えてしまう可能性がある。

自治体による援農ボランティア制度は、予算や人的資源の確保がその中身に反映される。どこも援農ボランティア制度だけを担当する職員がいるわけではなく、どうしても仕事のひとつにならざるを得ない。仕事量が多くなる中、その対応にかかる時間の確保など難しさがある。そのため、協働型や運営委託型が援農ボランティア制度を考える上で次なる展開として期待されるが、その有効性と課題ついては第６章で検討したい。

注

（1）後藤光蔵「足立区の農業ボランティア制度」アグリタウン研究会「令和元年度 東京都内における援農ボランティア実態調査 調査結果報告書」2020年、pp.29-65

（2）小口広太「国分寺市の援農ボランティア制度」アグリタウン研究会「令和元年度 東京都内における援農ボランティア実態調査 調査結果報告書」2020年、pp.66-116

（3）小口広太「練馬区における援農ボランティア制度の展開」アグリタウン研究会「令和２年度 東京都内等における援農ボランティア実態調査 調査結果報告書」2021年、pp.149-188

（4）小口広太「東京都日野市における援農ボランティア制度の展開」アグリタウン研究会「令和２年度 東京都内等における援農ボランティア実態調査 調査結果報告書」2021年、pp.117-126

第3章

広域援農ボランティア事業の特徴と意義

第1節　広域援農ボランティア制度の経過

東京都内における援農ボランティア制度は、第1章第1節東京農業の変化と援農ボランティア活動の展開で紹介されたような経過であり、各自治体における状況は第2章第1節で詳細に紹介されているように22区市町村で実施されている。

この章では、東京都農林水産振興財団（以下：財団　当時は財団法人で現在は公益財団法人）が、実施している広域援農ボランティア制度について紹介する。ちなみに財団では、ボランティア養成としての東京の青空塾も実施し、8自治体の援農ボランティアの認定をしている。

東京都は、国分寺市で1992年から始められていた市民農業大学[(1)]を参考にして、1995年度から援農ボランティアの育成に対する事業を財団に委託した。事業は、初年度は準備年度であり1996年度から国分寺市と八王子市において農業ボランティア養成、モデル援農事業を実施し、併せて援農制度の普及啓発をはじめた。この養成講座修了生を「ふれあい農業ボランティア」として認証した。これが現在の青空塾につながっているといえる。

広域援農ボランティア制度は、財団が2013年10月に東京都より委託を受け、農作業サポーター支援事業の一環としてスタートし、2018年度からは東京農業の支え手育成支援事業、2021年より東京広域援農ボランティア事業として実施している。

その目的では、『都内では農業の担い手不足を補う方法として、区市町村を単位とした援農ボランティア制度が一部地域で運営されているが、農地のない地域の都民はボランティア機会がない。このため、区市町村の枠を外した広域型の農作業ボランティアを「東京農業の支え手」と位置づけ、農業者には無償の労働力が提供され、ボランティアには農的体験が提供される機会の創出支援を行う。』（東京広域援農ボランティア事業実施要領2021年４月１日付け策定）と位置づけられている。

第２節　広域援農ボランティア制度のしくみ

広域援農ボランティア制度は、援農をしようとする人が、スマートフォンあるいはパソコンから財団の「とうきょう農業ボランティア」を検索し、Webサイトから会員登録する。一方、受入農家の登録も行い、情報提供や連絡事項を専用サイトで行い、両者を財団がマッチングするしくみである。この専用サイトは制度を運用する上で、ボランティアと受入農家と財団をつなぐ生命線ともいえる。

１）広域援農ボランティアの会員登録

実施要領によると、会員登録できるのは、①農作業体験は問わないが農家の指導で農作業の手伝いが出来ること、②無償であり、交通費、作業被服、飲み物、食事等の費用は自己負担、③参加申込等がWebサイト等を利用できること、④事務局と受入農家とメールか電話で出来ること、⑤満15才以上で年齢上限はないが、農作業ができる体力は必要などの７つの基準を満たす個人となっている。

新規登録者数をみると（**表3-1**）、2018年までは、100人以下であったが、2019年以降は300人台、400人台と、飛躍的に増加している。

表3-1　広域ボランティア新規登録者数

	2013年度	2014年度	2015年度	2016年度	2017年度	2018年度	2019年度	2020年度
新規登録者数　（人）	46	73	47	25	59	80	314	426

資料：財団事業報告書より筆者作成

表 3-2　居住地別新規登録者数の内訳（2018 年度から 2020 年度の 3 年間）

居住地		実数（人）	構成比（%）	備考
23 区内	農地のある区	229	27.9	
	農地のない区	169	20.6	
市町村		298	36.3	西多摩 10 人、南多摩 100 人、北多摩 186 人、島しょ 1 人
都外		124	15.1	茨城県 3 人、群馬県 1 人、埼玉県 34 人、千葉県 22 人、神奈川県 64 人
合計		820	100.0	

資料：財団東京農業の支え手育成支援事業報告書より筆者再集計

新規登録者の居住地を直近３年間でみると（**表3-2**）、区部が48.5％の398人と約半数を占め、そのうち農地のない区部からは、20.6％の169人が登録している(2)。

登録希望者は、専用サイトの様式により会員登録をする。専用サイトには会員の特徴は次のように記載されている。

◇１回だけでも気軽に参加OK。
◇スマホやパソコンから登録・参加申込みできる。
◇毎回、募集情報の中から好きな場所・日時を選べる。
◇平日だけでなく土日も選べる。
◇農作業の経験がなくても大丈夫。
　※農家が畑で直接作業指導します。
◇色々な農家の畑で農作業を体験できる。
◇都心など、畑のない地域に住む方も参加できる
　―専用サイト「とうきょう援農ボランティア」より―

2）受入農家の登録

専用サイトの農業者の方へとして、「農業者の高齢化や後継者の不足等による都内農地の遊休化・低利用化の防止を図るため、地域の枠を越えて参加

できる広域ボランティアを登録。派遣しています」と応募を呼びかけている。

実施要領によると、野菜、果樹、花き・植木、畜産、農産加工等の部門において優れた技術や経営管理能力を有する者で、広域援農ボランティアを必要としていること。広域援農ボランティアに農作業の指導・研修を行い、安全に農作業に取り組む機会を提供出来ることなどの６つの事項を満たす農業者、農業法人等となっている。

専用フォームにより、事務局が受入農家を訪問の上、確認事項を説明し承諾を得て通知し、農業者が正式に承諾書を出して登録が完了する。

2020年度からは、援農ボランティア受入環境整備支援事業として、「ボランティアに来て欲しいけど、トイレや着替えるところがない、休憩中の日よけや椅子が無く、しっかりと休めるだろうか、目印が無く、初めての人には畑の場所がわかりづらい」などの悩みや不安を持つ受入農家に対し、ボランティアの利便性が向上する施設設置や備品導入を、対象経費の2/3以内で上限25万円の助成金を支援する事業がスタートした。

受入農家数は、2018年度16戸、2019年度24戸、2020年度33人戸と増加している。

３）ボランティア派遣のしくみ

①農家から財団へ

農家は、依頼期間・人数・作業内容等を依頼する

②財団からボランティアへの配信

依頼農家からの内容を配信する。

申込締切は、参加日の３日前となっている。

「仕事をもっていると、締切が３日前では早すぎる。予定がつかないので参加希望を出せない」というボランティアの声がある。

③ボランティアから財団へ参加希望

④財団からボランティアへ参加確定の連絡。

中止の場合は、当日朝10：00までに農家からボランティアへ連絡し、一方

参加できなくなりキャンセルの場合はボランティアから直接農家へ連絡する。

⑤財団から農家へ派遣ボランティアを連絡する

派遣実績をみると（**表3-3**）、2013年以降増加傾向にあり、2019年以降は900人台、2020年は、1,000人の大台を超え、1,400人になろうとしている。

表 3-3　広域ボランティア派遣のべ人数

	2013 年度	2014 年度	2015 年度	2016 年度	2017 年度	2018 年度	2019 年度	2020 年度
のべ派遣実績数　(人)	91	396	340	353	521	575	976	1,377

資料：財団事業報告書より筆者作成
注：登録者に対する実派遣実数は不明

第３節　広域援農ボランティアの特徴

１）通年募集が可能でweb登録のみ　20代が３割

広域援農ボランティアは、募集期間の制限がなく、かつ通年で援農希望者の都合で登録できる。Webサイトのみの登録である。

広域援農ボランティアの新規登録者数は、2018年度から2020年度の３年間の新規登録者820人でみると、10代48人（5.8%）、20代258人（31.5%）、30代187人（22.8%）、40代160人（19.5%）、50代118人（14.4%）、60才38人（4.6%）、70才以上11人（1.3%）となっている(3)。

登録を行うパソコンや携帯電話の操作に若年層ほど慣れていることに要因があるのかどうか、20代が最も多く、年齢が高齢化するほど登録者数が少なくなる。自治体やNPO法人での援農ボランティア登録者が高齢化している課題とは、全く異なる性格を有している特徴がある。

２）研修を条件とはしていない

もう一つの特徴は、研修制度についてである。

広域援農ボランティア制度では、研修は実施していない。同じ財団が実施する東京農業の青空塾は研修制度を行っているが、広域援農ボランティアの場合は行われていない。

援農ボランティア制度を実施している22区市のうち講習や実習を実施しているのは19区市であり、そのうち14区市が講習等への参加を必須とし、受けなくても登録可能が３区市、未記入が２区市となっている。

青空塾の活用は８区市（１市は認定証の４）であり、うち４市は講習等を必須として活用している。

市民の研修制度を都内で最も早く設立した国分寺市の「市民農業大学」に対する評価をみると、2019年度に国分寺市で援農を行った71名の意向をみると、「大いに評価する」が42.3％、「評価する」が53.5％と高い(4)。受入れた農家15戸の意向でも「大いに評価する」が53.3％、「評価する」が40.0％と同様に高い(5)。講座で大体の作業がわかった、農業のイロハを学べた、スムーズに援農に入れた、仲間作りが出来たなど記述されている。受入農家も、農業に対して理解してもらえる、農業の基本をわかってもらえるなど肯定されている。

稲城市では、講座修了に当たり、「農業者はそれぞれのやり方があるので……」と登録者にアドバイスしている。

広域援農ボランティア制度に研修制度を設けた場合の登録にあたって、また派遣にあたってどのような影響が出るのか、また、現行の未実施における評価を検証しておくことも重要であろう。

第４節　広域援農ボランティア制度の意義

財団の委託を受けアグリタウン研究会が実施した調査によると、2018年４月から2019年３月までの広域援農ボランティア活動のアンケートに154人より回答があり、そのうち82人に活動実績があった。アンケートの主な結果からその意義を探ってみたい(6)。

1）登録者は現役世代が多い

年代別の構成は、50代25％、40代23％、20代17％、30％ 16％と高原状となっており、60代以上は12％である。また、現在の職業では、53％が「会社員・公務員・団体職員」であり、定年退職者や就職活動中を含む「無職」という人は11％であり、自由業、主婦・主夫、学生も含め、現役世代が多い。広域援農ボランティア制度を知った方法として「インターネット」が67％と2/3の人が回答している。現役世代の登録が多いことに一つの意義がある。

2）９割が満足し、あらゆる農作業を手伝い

援農に参加した人では、40％が「非常に満足」、48％が「満足」と評価し、「不満」「非常に不満」の回答は皆無であった。

援農受入農家までの交通手段と所要時間では、57％もの人が電車やバスといった公共交通を使い、１時間程度も要して援農先農家に出向いている。

手伝った農作業は「収穫」作業が76％と最も多く、「収穫後の畑の後片付け」作業、「除草」作業が65％と続き、「出荷調整」作業、様々な播種・定植に関する作業や肥培管理に関する作業も行っている姿が浮き彫りになった。

かねてより援農ボランティア制度に関していわれていた『除草ばかりでボランティアが体験したい収穫作業はできないのでいやになってしまう』という援農の農作業のイメージを抱いていたが、調査結果を見ると除草作業は多いものの、他の作業もまんべんなく手伝っていることになる。

種蒔き・定植作業から肥培管理作業、収穫作業、出荷調整作業、片付け作業といった防除や機械操作作業を除いて全ての作業を援農している実態が明らかになった。

3）援農ボランティア・受入農家の双方にとってメリット

援農者の意向では、「土や植物に触れたりする楽しみのため」「農家を支援し、農地や農業の維持に少しでも貢献したいから」をはじめ、農作物の栽培

方法を知りたい、農家の文化等を知りたい、交流したい、余暇を充実し健康のためなど前向きな意向が多い。

一方、受入農家の意向では、「一時的に多くの人手が必要なため」や「恒常的に人手が足りないから」「雇用賃金が払えない」「将来は家族外労働を活用したい」など経営上の事由の他、「交流や土等に触れたいというボランティアの要望に応えたい」や「農業を理解して欲しい」などの意向を持っている。

双方にとってメリットのある点に大きな意義がある。

4）援農ボランティア・受入農家双方の望みを叶える

援農ボランティア制度は、受入農家にとっては、自らがやらざるを得ない農作業を手伝ってもらい、生産と出荷が出来る。

一方、援農ボランティアにとっては、土に触れ汗を流し食料生産に協力できるという機会を得られる。農地のない区部に住む住民にも、農産物を育てることや環境問題として農地に興味を抱く住民がいるので、援農という農作業の機会を創出する広域援農ボランティア制度は、そのような自治体の住民には特に大きな意義がある。

援農ボランティアと受入農家どちらにとっても助けられ、また望みが叶えられる。言い古されたことばだが、お互いに「感謝」という言葉が意義があり、継続のキーワードであろう。

第５節　広域援農ボランティア受入農家の経営状況

1）S・S氏（51才　2019年10月当時）

経営農地面積は、190ａの農地を所有し、そのうち189ａが生産緑地である。ビニールハウスは15棟である。この農地に、のべ概ね400ａを作付けしており、耕地利用率は200％以上である。

その主な野菜の作付け状況をみると、東京都の農家の中では品目ごとの生産面積が広い。

ホウレンソウ…秋の９月末から翌年の４月末までおおむね10ａ単位で、露地に約80ａ播種し、10月末から５月末まで収穫する。また、８月末と11月末にビニルハウスに40ａほど播種し、９月末から11月末、１月末から２月末収穫し、真夏の６～８月末までの３ヶ月間以外は、ホウレンソウが畑で作付けされている。

コマツナ…7月中旬から８月中旬および10月末から11月上旬に、ビニルハウスに30ａ播種し、収穫は８月下旬から10月初旬、12月初旬から１月下旬に出荷する。

ニンジン…6月初旬から８月上旬に露地に30ａ播種し、11月中旬から３月中旬まで出荷する。

トマト…８ａをビニルハウスに２月下旬～３月上旬にかけて定植し、５月中旬から７月中旬まで収穫する。

エダマメ…４月上旬から８月上旬まで露地に60ａ播種し、６月中旬から９月いっぱい収穫する。

トウモロコシ…３月下旬から４月いっぱい露地に40ａ播種し、６月中旬から７月いっぱい収穫する。また、ビニルハウスに10ａ播種し、６月に収穫する。

キュウリ…ビニルハウスに５ａ作付けし、５月～７月収穫する。

ナス…露地に５ａ作付けし、６月～10月収穫する。

ブロッコリー…露地に40ａ作付けし、11月～２月に収穫する。

カブ…露地に30ａ作付けし、10月～１月収穫する。

これらの生産を支える農業従事者は、家族農業従事者は、本人と両親の３人が作業全般を、奥さんは、主に出荷調整作業を行っている。

家族以外の農業従事者は、雇用労働力では、従業員として農業での独立をめざす26才の男性１名がいる。土・日曜日を除いて１時間30分の休憩時間を含めて朝８時～夕方６時まで従事している。パート労働力では、30代の女性１名が、月・火・木・土曜日に１時間30分の休憩時間を含めて９時～３時まで従事している。この人は、大型トラクターの免許を所有している。

援農ボランティアは、市としては実施していないので、東京都農林水産振興財団が主催する広域援農ボランティアに、週２回で人数は指定しないで依頼している。来てくれる曜日は土・日が多く、３人くらい。最も人数が多かった時は５～６人であった。市内および23区、千葉県や横浜市からも来てくれる。

その他には市内の福祉施設に、週２回火・木曜日に、午前か午後いずれの３時間を依頼している。３～５人で職員１名が引率してくる。福祉施設とのきっかけは知人の紹介であった。農作業の内容は職員に説明し、作業員に依頼するようにしている。

このように家族外労働力は、月・火・木曜日が雇用者とパート、福祉施設からの複数名、水・金曜日が雇用者が１人、土曜日がパートと広域援農ボランティアが複数名、日曜日が広域援農ボランティアのみ複数名となっている。

S・S氏の経営は、23区や千葉県や横浜市からも援農に来るボランティアもおり、特に土・日曜日が多いため、曜日ごとの労働力が途切れることがなく、農業経営にとって存在意義が実に大きい。

こうして生産された農産物の販売先は、2004年以前は市場出荷が主であったが、現在はスーパーへの出荷が80％、JAの農産物共同直売所15％、飲食店や宅配も５％ほどである。学校給食への出荷は行っていない。

援農者を受入れ始めた理由は、両親が高齢化していき、家族労働力が減少する一方だったからである。農業経営は楽しいので、安定した労働力と、農機具を整え機械化により効率性を高めれば、発展の可能性はある。そのため、家族以外の労働力を依頼している。

援農ボランティア制度は、農地のない区部の人に農業の現状を知ってもらうためにもいいことである。また、家族以外の人が入ることにより、経営が安定する。現状ならば、まだ農地を借りて規模拡大は可能である。

2）A・K氏（49才　2019年10月当時）

経営の概要は、経営農地面積が70ａでうちパイプハウス４棟で合計約600㎡である。この露地とハウスで野菜を約20品目栽培し販売している。

この経営を支える労働力は、家族労働力が本人と母親であり、家族外労働力として広域援農ボランティアに依頼している。

販売先は、数店舗のスーパーへ約50％、市場出荷が多摩青果へ約50％である。JA等の農産物共同直売所は会員としては加入しているが、出荷はしていない。

広域援農ボランティアへは2013年に登録した。財団がこの制度の立上げの際には相談に乗った経緯もある。援農ボランティアの依頼は、人数制限はせず、都合が良い人を毎日頼んでいる。

援農ボランティアの年齢層は10代から70代と幅が広く、どちらかといえば30代、40代の勤めている女性が多い。

援農者は、動機や都合はバラバラであり、毎週来る人、土産を期待して野菜が高いときに来る人、また気が向いたら来る人など様々な人が来る。

農作業は、農薬散布と調整や出荷作業はA氏が自ら行い、その他の作業は全て何でも依頼することとしている。作業時間は、午後１時から陽が落ちるまでとしている。夏は、６時頃になる時もある。

A氏が考える援農ボランティアの意義としては、農作業は援農者の疲れた心を癒やすのではないかという。援農者は、性別、年齢層、居住地、職業、性格、援農の動機など多様で人それぞれである。他の職業の人と関わりたい人や話したい人、一方で、人と関わりたくない人や話したくない人、一緒に共同で仕事をしたい人、逆に一人で仕事をしたい人など多様である。

農業は、そういった人たちに対応できる様々な農作業がある。例えば、草取り作業にしても、一人で黙々と出来るし、また大勢で和気藹々として作業も出来る。A氏曰く「農作業は癒やしだ。心の病も治してあげている」という。さらに、「複数人で畑の作業、例えば草取りや種まきでも、一緒に作業している人とその早さを比べてしまう。それは、普段の仕事中や学校でも、競争とか人と比べるっていうのが自然と身に付いちゃっている。畑でも競争になっちゃっている。自分で後悔すんだよね。あの人より遅いって」と指摘する。農業は競争じゃないという。

A氏は、「これしかできなかったの」とは言わない。自分にとって、援農者にやってもらうことがプラスだと思っている。自分１人じゃできないことをやってもらっていると思うので「ありがとう」って言える。つまり「自分でやらなきゃいけない作業がある。援農さんにやってもらえなかったら自分でやらなきゃいかん。例えば草取り作業は大事だ。それをやってもらっている間に、自分は他の作業をやることができる。残った草があれば後から草取りは自分でやればいい。」

農作業の途中にはもちろん休憩がある。農作業終了後にもお茶を飲んでもらう時間がある。慌てて帰ったら、事故を起こしたり、ろくなことがないから、少なくとも30分は取っている。人によっては１杯飲んで帰る人もいるし、着替えたらすぐ帰る人もいる。「じゃあどうも」ってすぐ帰る人もいれば、１時間ぐらいずっといる人もしゃべっている人もいる。そのときは本人でなく、母親が対応しており、「母親が援農者に一番気を遣っていると思う」と語る。

A農園に慣れた援農ボランティアの人が増えてきたら、もう少し経営面積を増やしてもいいという意向をもっているとのこと。農家仲間から「うちの畑やってくんないか」って言われることがある。

広域援農ボランティア制度については、受入農家からの要望に対し、財団の締め切り日が、要望日の３日前なので、「都合が良くなって、急に援農が可能になった」という人の要望に応えられないという。

また、援農者は、長靴や着替えなどの持参品が本当に多く大変である、と同情していた。

3）Y・M氏

経営の概要は、所有農地面積は50ａで、家に隣接して１カ所にまとまっている。

栽培品目は、四季折々周年で、多品目を少量ずつ作付けしている。ブドウも栽培している。季節ごとの主な品目は次の通りである。

春…ニンジン、ダイコン、キャベツ、ブロッコリー、ホウレンソウ

夏…トマト・ナス・キュウリ・トウモロコシ・ラディッシュ

秋…ダイコン・ブロッコリー・カリフラワー・キャベツ

冬…ハクサイ・ダイコン・ブロッコリー・キャベツ・ニンジン

この経営を支える農業従事者は、家族労働力は本人が一人である。ご主人は会社員で、平日はいない。家族以外の農業従事者は援農ボランティアであり、広域援農ボランティアと任意の多くの女性ボランティアに支えられている。

広域援農ボランティアは、50代以上で土・日曜日に来る人が、多いという。

過去最高は、広域ボランティアも任意の女性ボランティアも含め、１日に16人という日があり、４チームに分けて農作業をしてもらったことがあるとのこと。

女性ボランティアは、２年ほど前、こどものつながりで近所の人が家に遊びに来ていたり、収穫体験のお客さんだった人が、自然に農作業を手伝うようになり、その後友人を連れて来て手伝うようになって広がった。現在では20人を越えている。当初は、農作業は未経験者であり、Ｙさんが直接知らない人もいるが、友人つながりのため「不安はない」とのこと。強い信頼関係で結ばれている。

小さなこども連れの親は、農作業中に飽きないようにＹさんが庭に設けた滑り台などで、こどもたちと遊んでいるとのこと。

農作業時間は午前９時半から午前11時半までとしている。しかし、規制はしていないので、昼食持参か隣接のコンビニで購入して、庭かビニルハウス

の中で食べている人もいる。（ちなみに、Yさんに話しをお聞きした日の午後3時すぎ、3組の親子が農作業を終えて帰宅するところであった。その後Yさん自身も5ヶ月の子を抱きながら話してくれた）

女性ボランティアの募集は、メールを使ってほぼ毎日行っている。農作業の内容は、当日、手伝える人が揃った段階で、何をしてもらうか考える。

農作業は、防除作業はYさん自身が行うが、それ以外の農作業は、種蒔き、マルチ張り、トンネルのビニルがけ、草取りなど何でも依頼する。ブドウの剪定作業もやってもらう。

農作物の販売は、農業収入の90％が収穫体験により販売している。申込み方法は、インターネットで受付けている。8家族くらい対応できるが、コロナ禍のため3家族としている。

その他、ロングイベントとして、庭にある竹を使って流しそうめんをしたり、ピザづくりなどをしている。参加者の家族どうしの交流ができ、次回に一緒に来たりしている。畑や庭が、単なる生産や販売の場所にとどまらず、農業公園的なくつろぐ場所になっている。

東京都での販売方法には、収穫を農業者側で行い農産物を販売するいわゆる直売方式、市民農園や農業体験農園のように区画内を借りた人が生産体験をする方式、複数野菜およびトマト・イチゴ・ネギなどの期間を定めたいわゆる株売りによる収穫方式がある。しかし、ブルーベリー・梨等の果樹類およびサツマイモやジャガイモの単品での収穫販売の事例はあるが、Yさんのように区画でもなく、単品目でもない、畑で栽培中の野菜類の収穫体験販売は、非常に少ない方式である。かつて、日野市の故和田恒男氏が夏野菜や冬野菜の数品目の野菜を収穫期間を決め、区画販売をして好評を得ていたことがあるが、Yさんの方式は形態が異なる。YさんのWelcomeな人柄、加えて、Y家の畑と庭の持つ「癒やしの場所」という空間なのであろうと思う。

Yさんは、「女性」あるいは「広域」のボランティアさんが農作業を手伝うことによりメリハリができる。家族だけで営農すると、気候や作業に左右され「寒いから明日にしよう」とか、甘えが出てしまう時があるが、ボランティアさんが来ると気持ちに張りや緊張感が出て畑に出ることとなる。また、ボランティアさんの嬉々とした顔に、自身も意欲的な気持ちになれるなど助けてもらっている。と語る。

Yさんの名刺ウラには

駅から徒歩10分の「遊べる農園」
一年中、季節のフルーツ・野菜を収穫できます。
人や野菜、自然と触れて、リラックスした時間を過ごして下さい。

と記されている。Yさんの経営理念として貫かれている気持ちであり、多くの人を惹きつける魅力であろう

4）援農ボランティア受入事例のとりまとめ

広域援農ボランティアを受け入れている３農家の事例を紹介した。いずれも家族労働は、S・S氏は本人夫妻と親世代と４人で農地面積が約２ha（作付面積が400ａ）の都内有数の野菜農家。A・K氏は70ａを母親と２人。Y・M氏は50ａを本人１人で経営している。家族外労働者としてはS・S氏は常時雇用者、パートと福祉施設所、広域援農ボランティア。A・K氏は広域援農ボランティア、Y・M氏は、女性ボランティアと広域援農ボランティアと三者三様の受入をしている。共通点は４つある。１つ目は常に広域援農ボランティアを依頼していることである。結果的に土・日曜日が多いようではあるが。２つ目は、ほぼ毎日常に家族以外の農作業支援者がいること。３つ目は、援農ボランティア等の家族外の支援者がいることにより、経営規模の拡大意向が醸成されたり、経営意向に張りが出たり緊張感が出て、前向きな気持ちや姿勢になっていることである。４つ目は、何よりも３人とも農業に対し悲観せず、非農業者との交流を持ち、積極的に受け入れている。その結果、市民それぞれが農業・農地と関わりをもち、一度で懲りず、長靴や手袋などの農作業グッズを背負って、再び援農に来ることの要因となっている。

注

(1)国分寺市は1990年7月国分寺市農業委員会より提出された「国分寺市農政施策確立に関する建議」に示された、『市民とのふれあい促進』の項で「……現行の市民農園を抜本的に見直し、市民と農業者による懇談会、体験学習会、市民農業大学等施策の充実を図り、市民と農業者の相互理解を深めること」と提言され、さらに、国分寺市長期総合計画の中でも市民農業大学開設が提唱されたことから、1992年6月に関係団体の支援・協力により事業化され開設された。

(2)(公財) 東京都農林水産振興財団「東京農業の支え手育成支援事業報告書」p.6

(3)(公財) 東京都農林水産振興財団「東京農業の支え手育成支援事業報告書」p.4

(4)令和元年度東京都内における援農ボランティア実態調査　2019年3月　アグリタウン研究会pp.103

(5)令和元年度東京都内における援農ボランティア実態調査　2019年3月　アグリタウン研究会pp.89

(6)令和元年度東京都内における援農ボランティア実態調査　2019年3月　アグリタウン研究会pp.135以降

第4章

NPOなど住民主体の援農ボランティア団体

第1節　援農ボランティア団体の事例

表4-1は都外の２団体を含め、今回ヒアリングを行った住民主体の援農ボランティア団体[(1)]の概要である。住民主体の援農ボランティア団体も多様であるがまず任意の組織と法人（NPO）がある。任意組織は１戸の受入農家で複数のボランティアが活動している形態が多いこと、ボランティアと受入農家間の活動がほとんどで、その範囲を超えて組織が行う活動は少ないな

表4-1　援農ボランティア団体の事例

組織形態	自主的組織						行政事業の推進組織
	任意組織			NPO法人			
地域	小金井市	立川市	横浜市	町田市	八王子市	日野市	我孫子市
名称	小金井援農サークル	立川・野菜づくりボランティア	都筑農業ボランティアの会	NPO法人たがやす	NPO法人すずしろ22	NPO法人日野人・援農の会	あびこ型「地産地消」推進協議会
発足（年）	1997	2012～2018・3	2013	1999	2005	2006	2004
法人化（年）				2002	2010	2012	
正会員数（人）[2)]	13人強	会員制度なし		158	130	121	149
非農家会員	10数人		約60	124	99		103
農家会員	3		0	34	31		46
援農実績　ボランティア人数	10弱[3)]	最大時12	週4日、午前平均15～20人	65	月平均51	102	57
援農実績　延べ援農者数					608		毎月実働約50人 延べ日数1287日
援農実績　受入農家	3戸[3)]	1戸	1戸	29戸	18戸	43戸	19戸
援農実績　年間援農時間		3,000～3,800		13,542	19,155	11,769	
農家とボランティア	固定	固定	固定	月毎に調整	ほぼ固定	実質固定	月毎に調整
無償ボランティア	○	○	○			○	○
「有償」ボランティア				○	○		
年会費の有無	○	×	○	○	○	○	○

資料：アグリタウン研究会『令和２年度東京都内などにおける援農ボランティア実態調査結果報告書』第１章により筆者作成
注：１）数値は事例によって2019年あるいは2020年のものである。
　　２）正会員以外の賛助会員・団体会員などは除く。
　　３）ただし実際は農家１戸ずつにボランティアも別れて固定している。組織の役割は少ない。
　　　　訪問した農家は３人のボランティアを受入れている。

どが特徴である。また二つのNPOの援農ボランティア活動は「有償」である。都農林水産振興財団の調査[(2)]によれば把握した援農ボランティア活動をしている16団体のうち「有償」は２団体に過ぎず、ここで取り上げている「たがやす」と「すずしろ」である。有償は極めて少数であることがわかる。

「小金井サークル」(正式名称でなく略したものを使用。その他の団体についても同様）は市の成人学級の農や緑をテーマにした講座の修了生により発足した。当初はサークルとしての活動も活発だった[(3)]。現在はサークルとしては３戸の農家と約13人強のボランティアで構成されている。しかし総会などは行われるがサークルとしての実質的活動はなく、３戸の農家各々で固定したボランティアグループが援農を行っている。

「立川ボランティア」は市のボランティア制度で派遣され活動していた人がリーダーとなり、ボランティアを集めて作った組織である。会費のない組織だがリーダーの理念やリーダーシップがボランティアをまとめていた。後に触れるがそのボランティア活動は興味深い。しかしリーダーの病気で2018年３月、組織としての活動は終わっている。

「都筑ボランティア」は区が開催した援農ボランティア募集の説明会が出発点となり活動が始まった。５年後にボランティアの会が設立され、区の助成金を得て３年間農業ボランティア体験事業が実施され体制が整えられた。しかし発足当初の時期は、経営作目の異なる複数の農家が受入農家となっていたが、ある時から現在のような１戸の農家での援農活動となっている。

調査した任意団体の活動はボランティアと農家の結びつきが固定して継続していることが特徴である。後に触れるがこのことが任意組織のボランティア活動の内容を規定する要因となっている。

NPO法人の活動は多数のボランティアと多数の受入農家間のボランティア活動であること、その範囲を超え広く地域を対象とする団体の活動が行われていることなどが特徴である。地域を対象とする活動の展開は行政の支援など行政とのつながりが関係している。

「すずしろ」の取組みは労働力不足で荒れている農地を何とかできないか

と考えた２人の住民から始まっている。活動開始時に市の市民企画事業補助金を５年間受けたが、それ以外は補助金などの直接的な支援はなく、行政とのつながりは弱い。「たがやす」は生協に農産物を供給している農家の支援として、生協とのつながりで始まったが、すぐに生協の枠を超えた援農ボランティア活動となった。行政とは、市の委託事業、後に補助事業としての援農ボランティア育成事業の実施、市が人材の育成を目的として開校した農業研修事業の事務局の受託などでつながっている。

市との関係が３つの中で一番緊密なのは「日野・援農の会」である。出発は市の援農市民養成講座・農の学校の修了生の親睦団体である。この団体が現在の名称に改称され修了生の援農活動組織となった。同時に市の研修農園の管理を始めている。NPO化も市の農業振興計画に沿って行われた。その後も市の二つの「交流農園」の運営、農機具の管理業務の請負、市の行う援農市民養成講座・農の学校の運営サポート、日曜日開校の現役世代も参加可能なボランティア養成講座・野菜栽培塾の運営（委託管理)、さらに市との合意に基づいて農業技術のスキルアップ、フォローアップを目的とする研修農園と実験農園の運営を担っている。

2013年には「日野・援農の会」、JA東京みなみ、市の３者が「日野市援農ボランティア紹介斡旋調整事業に関する協定」を締結し役割を分担している。「援農の会」はボランティア登録者の受入希望農家への紹介と両者の連絡調整等を分担している。「日野・援農の会」は行政との結びつきが３組織の中では最も強い。

「あびこ型推進協議会」は以上とは異なる。「あびこエコ農産物」の普及・推進による我孫子農業の展開を目指す市民、行政、JAの運営する協議会である。副会長は農政課長、総務と会計は市の担当職員、300万円強の運営資金も市がほとんどを負担している。エコ農産物の普及には労働力の支援が必要であるという視点から、その１つの部会として「援農ボランティア」部会が設置されマッチング等行っている。市民が会員として参加しているが住民主体の団体とはやや性格が異なる。

以下では「あびこ型推進協議会」を除く６団体について見ていくことにする。

第２節　任意組織の取り組む援農ボランティア活動

ここで取り上げる任意組織は１戸の受入農家と複数のボランティアによる組織で両者の結びつきが強いボランティア活動を特徴とする。１戸の農家で複数のボランティアが、継続的に援農を行っている事例は外にもあるが、ここで取り上げるのはボランティアグループが団体としての性格（例えばグループの名称や活動の目的、会費など）を、程度はいろいろであるが持っている組織である。

訪問した「小金井サークル」の１戸の受入農家のボランティアは85歳と84歳のご夫婦と77歳男性の３人である。ご夫婦は土曜日以外毎日11時から18時まで、高齢になった現在は屋内での出荷調整作業に従事している。学校給食への出荷が主力の経営なので、収穫・洗浄された野菜を規格毎に仕分けするのは大切な作業である。77歳男性も同じく週６日間、ただし午後援農に来て畑の作業から野菜の洗浄まで広く農作業に従事している。自ら言うようにボランティアという甘えはない。家族の一員の熱心さで仕事に従事している。

この様な密接な結びつき、またボランティアと受入農家の考え方によって、ボランティアは農作業の従事者・支援者から農業経営の協働者・経営の支援者（前者を「作業支援」後者を「経営支援」と表現する）という性格を合わせ持つようになっている事例も見られる。

「立川ボランティア」が一つの例である。受入農家の経営主は非農家出身で農業の経験はなかったが、結婚して妻の実家の農業を継いだ。経営主となる際に、経営の柱を農業体験農園と自宅での直売と決めた（2011～12年）。この経営を支えるために、定年後市の援農ボランティア事業で来ていたボランティアがリーダーとなって、ボランティアグループを2012年に作った。経営主とも考えが合い、2015、16年のピーク時には12人までに拡大し、農作業と直売所の運営を分担した。ボランティアに任された直売所の運営ではいろいろの取り組みを考え実施している。例えば直売所に来れば欲しい野菜がほとんど手に入るように多品目の栽培を心掛けた。収穫後ある期間保存する方がおいしい野菜もあるなどの情報、直売所に来る料理学校の先生に食べ方、調理方法を教えてもらいそれを伝える、取り立ての野菜のおいしさを実感してもらう試食の試み、新しい野菜の作付け、おしゃべりコーナーの設置、客に畑の見学を薦め農業の楽しさを知ってもらうなどの工夫をしている。経営を支える意識を持ったボランティアの活動によって直売と体験農園を柱とする受入農家の経営は展開していったがリーダーの病気で2018年３月にグループは解散を余儀なくされた。

以上のように経営の維持、さらには経営内容の充実（以下では「集約的拡大」と表現する。経営面積の拡大ではないが集約化による経営規模の拡大）においてボランティアは大切な役割を果たしてきた。さらにこの延長線上に経営面積を拡大する受入農家も出てきている。

ボランティアが受入農家の経営を上に述べたように農作業、農業経営において支え支援する延長線上で、受入農家が農地を借入れ規模拡大を図ることにより地域の農地保全、農業維持にも役立っている。「都筑ボランティアの会」の受入農家は軟弱野菜の通年栽培からボランティアの提案によって最初は自給用として作付け品目を増やしていった。その作付けと収穫が増えたので個人直売所を開設、さらに高齢農家から農地を借り入れ３haから4.5haに拡大し出荷先も多様化してきている。週４日午前２時間半がボランティアの活動で毎回平均15～20人参加している。この農家でも個人直売所の運営は全面的にボランティアの担当だが、ボランティアは新しい作物の導入や栽培の面でも積極的で、インターネット等で良く調べて来るので経験が邪魔をする自分が教えられることも多いという。この農家では、自分で野菜を作りたい人にはボランティア専用の区画を設けて利用させているので、ボランティア活動日以外でも顔を出すボランティアもいる。

これまで述べてきた３団体の活動を整理すると**表4-2**のようになる。

表4-2　任意組織の活動状況

	行政の支援		組織が実施している援農活動		ボランティアの行う農業支援の性格1)		受入農家の経営への効果2)			組織が地域住民を対象に行う取り組み
	ある	ない	養成講座等	援農活動	作業支援	経営支援	現状維持	集約的拡大	経営面積の拡大	
小金井サークル		○	×	○	○		○	○		
立川ボランティア		○	×	○	○	○	○	○		
都筑ボランティア		○	×	○	○	○	○	○	○	○

資料：アグリタウン研究会『令和２年度東京都内などにおける援農ボランティア実態調査結果報告書』第１章により筆者作成

注：１）作業支援とは農家から指示された農作業をボランティアが行っている両者の関係・状況である。
経営支援とは経営の在り方やその展開においてボランティアと農業者との共同の関係がみられる状況を表している。
具体的には本文参照のこと。

２）「現状維持」は減少する家族労働力を補完することよって経営の縮小を防いでいる効果を意味する。
「集約的拡大」は面積は変わらないが、新作目・新部門の導入、作付けの集約化、ハウス等の導入などによる経営規模の拡大を意味する。

「都筑ボランティア」は先に述べた区の補助事業、都筑区農業ボランティア体験事業では地域を対象にした農業体験や料理教室、芋煮を楽しむ会などのイベントを区と共同で実施した。事業終了後も地域の住民を対象に独自で毎年11月頃にサツマイモ堀りと豚汁大会を継続している。

第３節　NPO法人の取り組む活動

援農ボランティア活動を目的に出発したNPO法人の行う活動は**表4-3**のようにその範囲を広げてきている。「たがやす」(4)について見ると地域農家の経営支援の取り組みとして農産物の販売、農作業の受託(5)等が見られる。遊休農地の発生防止・再生の取り組みも借地による市民農園の開設運営、農業への参入によって見られるようになってきている。

今回のNPOの調査では団体の活動に重点が置かれ援農ボランティア活動の直接の当事者であるボランティアと受入農家との関係や受入農家の経営への効果などについての調査（**表4-3**の網掛けの部分）は十分ではない。しかし両者の恒常的な関係の中で行われる任意組織のボランティア活動と団体が仲介し派遣するボランティア活動とでは両者の関係やその効果に違いがある

表 4-3　NPO 法人の活動状況

	NPO 法人の活動						
	行政の支援		法人が実施している援農活動		法人が行う地域の農業・農地への取組み		
	ある	ない	養成講座等	援農活動	農業経営の支援	農地の維持・保全	
						市民農園開設	農業への参入
すずしろ		○		○		○	
たがやす	○		○	○	○	○	○
日野・援農の会	○		○	○			

資料：アグリタウン研究会『令和２年度東京都内等における援農ボランティア実態調査結果報告書』第１章により筆者作成
注：１）の「援農ボランティアと受入農家との関係」は表 4-2 と同じ。同表注参照のこと。

ように思われる。

以下、「たがやす」の活動[6]を中心に**表4-3**を見ていきたい。

1）援農ボランティア活動

(1) ボランティア育成事業

援農ボランティア活動には、ボランティアの養成やその後のスキルアップ等を目的とした講座等の開講と、援農ボランティアと受入農家の募集、両者のマッチング、ボランティアの派遣、その後のフォローなどの取り組みが必要である。

「すずしろ」は養成講座を開講せず講座の受講をボランティアの条件としていない。ボランティア活動をしながらスキルを身に付けるのである。「たがやす」は無償で貸与された荒廃した市有地を整備し市の委託により育成講座を開いてきた（その後補助事業となる)。「たがやす」でも講座の受講はボランティア登録の条件となっていない。この農地は21年３月に市に返還され、その代わりに農家からの借地を自分たちで研修農園として整備し養成講座を継続する。その他に市が農業の担い手育成のために2009年に開始した農業研修事業の運営事務局を受託している。

「日野・援農の会」は市の開校する援農市民養成講座「農の学校」の運営をサポートしている。また平日の参加が困難な人を対象に、日曜日に開校す

法人が地域住民を対象に行う多様な取組み	（注１）援農ボランティアと受入農家との関係				
	ボランティアの行う農業支援		受入農家の経営への効果		
	作業支援	経営支援	現状維持	集約的拡大	経営面積の拡大
	○	○	○	○	○
○	○	不明	○	○	不明
○	○	不明	○	不明	不明

２）「NPO 法人の活動」の「農地の維持・保全」とは遊休農地の解消や遊休農地の発生の防止の取組み。ここでは農地の借入による「市民農園の開設・運営」と「農業への参入」（農地の借入や購入による法人の農業参入や経営面積の拡大）を具体的な例としている。
３）網掛けの部分については本文参照のこと。

る援農ボランティア養成講座と野菜栽培塾を、市から管理委託され運営している。さらに農業技術のスキルアップ、フォローアップを目的として、「日野・援農の会」は市との合意に基づいて研修農園と実験農園を運営している[7]。このように日野市のボランティア育成講座の取り組みはきめが細かい。

(2) 援農活動の実績―「たがやす」の事例

援農ボランティアの活動における援農時間と援農受入時間の実態の把握は多くの場合難しい。しかしいわゆる「有償」で行われているボランティア活動ではその記録が残っているので実態の把握は可能である。

「たがやす」の非農家の正会員（2019年124人、2020年130人）のうち、2019年に援農活動に参加したボランティアは、**表4-4**の69人（ただしこの外にわずかの時間従事者したボランティアがいる。69人による援農時間は年間総援農時間の97.7％）である[8]。男女比は62％と38％で男性が多い。男女計の年齢別人数の割合は60代が36％、70代以上が44％である。男性には80代の人もいる。49歳以下の若い人は女性に多い。

年間の援農時間を見ると男性の比重は人数以上に大きい。１人平均の援農時間は男性210時間、女性158時間である。年齢別で見ると男女合計で70代以上が46.8％、60代が29.1％、50代が12.4％、49歳以下が11.7％で70代以上の比

表4-4　援農ボランティアの年齢別活動状況（2019年）

		人数	年間援農時間計	ボランティア年齢別構成比		年間援農時間年齢別構成比		ボランティア1人当たり平均援農時間
				①	②	①	②	
男性	70歳以上	20	5,166.0	29.0	46.5	39.3	57.1	258
	60～69歳	16	2,415.5	23.2	37.2	18.4	26.7	151
	50～59歳	6	1,434.5	8.7	14.0	10.9	15.9	239
	49歳以下	1	32.5	1.4	2.3	0.2	0.4	33
	計	43	9,048.5	62.3	100.0	68.8	100.0	210
女性	70歳以上	10	985.0	14.5	38.5	7.5	24.0	99
	60～69歳	9	1406.5	13.0	34.6	10.7	34.3	156
	50～59歳	2	194.0	2.9	7.7	1.5	4.7	97
	49歳以下	5	1517.5	7.2	19.2	11.5	37.0	304
	計	26	4103.0	37.7	100.0	31.2	100.0	158
合計		69	13,151.5	100.0		100.0		191

資料：「NPO法人たがやす」の資料を集計加工
注：2019年に援農活動に参加した69人について集計。他に短時間援農活動に参加したボランティアがいる。それを含めると援農時間の合計は13,463時間である。
従ってここで集計した69人のボランティアの援農時間は全援農時間の97.7%に当たる。

重が大きい。援農活動は70歳以上のボランティアによって支えられている（「年間援農時間の年齢別構成比①」）。特に男性の70歳以上のボランティアによる援農時間は全援農時間の39.3%、男性の援農時間の57.1%を占めている。しかし59歳以下の現役世代も男女計で全体の援農時間の24.1%、約四分の一を担っていることがわかる。特に女性の場合は、女性全体の援農時間に占める59歳以下の援農時間の比重は41.7%と、男性の16.3%に比べて大きい（「援農時間、年齢別構成比②」）

1年間は52週なので1週1日4時間援農に従事すると208時間である。これを基準に見ると男性の70歳以上、50～59歳層、女性の49歳以下のボランティアが平均の数字だがこれを上回って援農に従事していることがわかる(9)。

しかしあくまで平均の数字であり個人間の差があることは**表4-5**から分かる。例えば男性の50～59歳の平均援農時間が長いのは1,000時間以上従事するボランティアがいる（1.4%＝1人）からであり、女性の49歳以下の平均援農ボランティア参加時間が長いのも400～700時間に2人（2.9%）いることと50時間未満のボランティアがいないことによる。全体を見ると女性と違

表4-5　年齢別・援農時間別援農ボランティアの構成比（2019年）（単位：%）

2019年 援農時間数		1000時間以上	700～1000時間	400～700時間	200～400時間	100～200時間	50～100時間	10～50時間	10時間未満
男性	70歳以上	1.4	1.4	5.8		5.8	2.9	2.9	8.7
	60～69歳		1.4	1.4	2.9	2.9	4.3	4.3	5.8
	50～59歳	1.4					1.4	2.9	2.9
	49歳以下							1.4	
	合計	2.9	2.9	7.2	2.9	8.7	8.7	11.6	17.4
女性	70歳以上			1.4		2.9	1.4	5.8	2.9
	60～69歳			2.9	1.4	1.4		4.3	2.9
	50～59歳					1.4		1.4	
	49歳以下			2.9	1.4	1.4	1.4		
	合計			7.2	2.9	7.2	2.9	11.6	5.8
合計		2.9	2.9	14.5	5.8	15.9	11.6	23.2	23.2

資料：「NPO法人たがやす」の資料を加工
注：ボランティア人数69人の構成割合

表4-6　援農時間別援農ボランティアの活動状況（2019年）

年間援農参加時間	ボランティア人数				年間援農参加時間		援農実日数			1日当たり援農時間	1人平均年間援農参加月数
	計	累積割合	男	女	合計時間	累積割合	日数合計	割合	1人平均		
1,000時間以上	2	2.9	2	0	2,336.00	17.8	404	13.2	202	5.8	12
700～1,000時間	2	5.8	2	0	1,651.50	30.4	271	8.9	136	6.1	12
400～700時間	10	20.3	5	5	5,351.00	71.1	1401	45.8	140	3.8	12
200～400時間	4	26.1	2	2	999.5	78.7	274	8.9	69	3.6	9
100～200時間	11	42	6	5	1,784.00	92.3	405	13.2	37	4.4	8.1
50～100時間	8	53.6	6	2	556	96.5	139	4.5	17	4	6.9
10～50時間	16	76.8	8	8	409	99.6	145	4.7	9	2.8	4
10時間未満	16	100	12	4	64.5	100	23	0.8	1	2.8	1.3
合計	69		43	26	13,151.50		3062	100	44	4.3	0

資料：法人の資料を集計・加工

う男性の特徴は、700～1,000時間参加と1,000時間以上参加するボランティアがいること、また10時間未満のボランティアが多いことである。

表4-6で援農ボランティアの活動状況をもう少し詳しく見ておこう。この表からは定期的に参加するボランティアと不定期に参加するボランティアがいることがわかる。

①400時間以上参加するボランティアを見ると、週当たりの活動日数、1日当たりの活動時間は1,000時間以上、700～1,000時間、400～700時間の参加者の間で差はあるがいずれも年間を通して参加している。1年間は52週な

表4-7　受入農家のボランティア受入状況（2019年「たがやす」）

受入ボランティアの援農時間	①受入農家数（戸）	受入農家１戸平均受入		累積割合		
		②延べ人数	③作業時間	①	②	③
3,000時間以上	1	647	3,827	3	20	28
1,000～1,500	3	389	1,179	14	56	55
500～1,000	5	147	655	31	79	79
100～500	9	52	238	62	94	95
100時間未満	11	18	62	100	100	100
合計	29	3,220	13,466.20			

資料：「NPO法人たがやす」の資料を集計

ので1,000時間以上参加の人は援農参加日数が年間202日であるから週４日弱(202日÷52週。以下同様)、700～1,000時間、400～700時間のボランティアは週2.6日、2.7日参加していることになる。１日の援農時間には差があるが（700時間以上と400～700時間のボランティアで)、年間を通して週に何日か定期的に参加するボランティアである。これら年間援農参加時間400時間以上の合計14人のボランティア（ボランティア人数の20.3%）で、全援農時間の70%を担っている。中心的なボランティアである。

②100～200、200～400時間未満のボランティアは参加月数が減る。しかし参加する月について平均すると１日４～５時間で週当たり１～２日参加するボランティアである。

以上①と②は参加月数、参加日数、参加時間に差がありながらも定期的に参加したボランティアであり、合計29人で全ボランティア人数の42%、全援農時間の92%を占めている。

③100時間未満のボランティアは定期的に援農活動に参加している人ではないと推測できる。人数的には58%を占めるが援農時間では全体の８%である。

表4-7は受入農家の状況である。3,000時間以上受け入れている１戸の農家は、実労働時間１人5.9時間（3,827時間÷647人。以下同様に計算）のボランティアを、年間を通して週12人（647人÷52週。以下同様）受け入れている。同じように見ていくと、1,000～1,500時間の受入農家では3.0時間、週7.5人、

500～1,000時間は4.5時間、週2.8人である。100～500時間は4.6時間、週１人である。ここまでで援農受入時間の95％に当たるので、全体の62％、18戸の受入農家がほぼ全体の援農を受入れている状況が分かる。

表は示さないが援農受入月数を見ると460時間以上の受入農家は年間を通してボランティアを受入れている。それよりも少ない農家の中に２～４カ月集中的に受入れている農家が４戸いる。低農薬栽培のブルーベリー農家の収穫や除草、景観作物としてのソバや菜種の栽培農家の播種や片付け等の作業だという。そのほかは必要な時に派遣してもらっていると考えられる。このように農家のボランティア受入れには３つのタイプがある。

なお援農活動開始後のフォローを見ると「日野・援農の会」では農家、ボランティアの提出する月次報告に記載されてくる意見や質問について運営委員会（市・JA・援農の会）の事務取扱者連絡会で検討している。制度として整えられている。ボランティアの月次報告の提出率は90％と高く状況はよく把握されているという。

２）法人の行う援農ボランティア以外の活動

先の**表4-3**で法人が行うボランティア活動以外の活動を①「地域の農業・農地への取組み」と②「地域の住民を対象にした多様な取組み」の二つ分類し、さらに前者について（ｉ）「地域の農家の経営支援」と（ⅱ）「農地の維持・保全」に分けた。

「たがやす」の取り組みは次の通りである。①－ｉ「地域の農家の経営支援」として、一つは受入農家の野菜と「たがやす」の野菜を販売し普及するための直売所の運営、計23戸の家庭に１戸の農家と「たがやす」の野菜を地場野菜セットとして月２回宅配、低農薬・低化学肥料栽培農家グループの野菜の集荷と生協の小型店舗への配送を行う地場野菜普及活動、その他に１戸の農家の農作業受託等を行っている。①－ⅱ「農地の維持・保全」に結びつく活動としては、利用されていない調整区域の農地約50ａを３戸の農家から市の農地利用集積円滑化事業で借り入れ開墾し市民が多様な形で農業体験ができる農園を農水省の『「農」のある暮らしづくり』交付金事業で開設した。その一部は法人が畑として利用している。先に触れた市有地を返却し新たに生産緑地25ａを借り入れボランティア育成講座のための研修農園を整備した。このように法人自ら農地を確保し農業生産や農園の運営を行っている。

さらにこれらとはタイプが異なる、②「地域の住民（子どもや大人）を対象にした多様な取組み」を、独自でまた他の団体と協力して行っている。例えば幼稚園、保育園、小学校、福祉施設、地域団体の芋掘りなどの農業体験の受入れ、生き物調査や自然観察会、市の大型生ゴミ処理機の生成物に野菜残滓、剪定枝チップ、馬糞などを加えての堆肥作り、生協が受入れたインターンシップの大学生への野菜栽培と堆肥作りの場の提供など、活発に行われている。

その結果、2019年の経常収益の内訳は、会費4.9％、市の支援金（援農ボランティア育成事業）・委託金（市・農業研修委託金）が39.1％、事業収入が55.8％（地場野菜普及事業23.9％、農作業支援事業15.5％など）となっている。

他のNPOでは、例えば「すずしろ」は手が回らなくなった農家から、活用されていない農地を借入れ積極的に市民農園を開設し運営[10]しているが、自ら農業生産を行ってはいない。また料理教室、タケノコの収穫、ジャガイモの収穫と試食会などのイベントを行っているが対象は会員に限られている。

「日野・援農の会」は用水路の定期清掃への協力、市の交流農園での市民親子野菜塾の開催など地域を対象とした活動を行っている[11]。

3）受入農家の農業経営にもたらすボランティア活動の効果

先に述べたように今回の調査は法人の活動に焦点があり、表の網掛けの部分、法人のボランティア活動におけるボランティアと受入農家との関係についての調査は「たがやす」と「すずしろ」についてはボランティア・受入農家を対象にアンケート調査は行った[12]が、ヒアリングはわずかであり不十分である。

しかしボランティアと受入農家が固定している任意組織のボランティア活動と、受入農家の希望に応じて両者のマッチングが行われ派遣される（同じ農家に派遣されることが多いであろうが）法人のボランティア活動、また「有償」や「無償」(13) であることは、任意組織とNPOのボランティア活動の各々に特徴や利点を生んでいる。例えばNPOの活動に比べてボランティアと受入農家の結びつきが強くなる任意組織のボランティア活動では両者は作業支援の関係から一緒に経営に取組むという関係になっていく傾向が見られる。またNPOのボランティア活動では農家の要望、恒常的なボランティア派遣、集中的な農作業の支援、一時的、突発的に必要になった支援、などに対応することが可能という特徴がある。また受入農家に規模拡大などの地域の農地の保全や維持の取り組みが見られなくとも組織として既に述べたようにその取り組みを含めた活動、つまり担い手として活動が行われている。

法人のボランティア活動についてアンケート調査と受入農家のヒアリングによって両者の関係について見ておきたい。

まず「すずしろ」と「たがやす」の受入農家を対象に行った援農の農業経営のへの効果を聞いたアンケート調査結果である（回答農家「すずしろ」13戸と「たがやす」18戸。複数回答）。両者のアンケートで当然のことだが「家族労働力の補完」「家族にかかる労働の軽減」が最も多く選択されている。またその効果として「生産量や販売額の維持」を「すずしろ」と「たがやす」で順に５戸と９戸が選択している。それよりも少ないが「生産量や販売額の増加」は３戸および５戸の農家が選択している。

経営面積の拡大、それによる地域の農地の維持・保全に関わる効果はどうか。「すずしろ」の調査では「農地の拡大」及び「遊休農地の再利用や防止」を各１戸が選択している。また２戸の受入農家のヒアリングでは１戸は借地により、他の１戸は購入により規模拡大を行っている。前者は経営面積100ａ（うちハウス２棟、700㎡）で「すずしろ」のボランティアは週４日、午前４時間（夏は６時間）、３人が来る。ほかにパート、研修生も来るので毎日だれかしらは来ている。もう１戸の農家は400ａで家族３人、「すずしろ」

のボランティアが３人、パートが３人の経営である。農地は購入によって拡大している。

「たがやす」のアンケート結果では「経営規模拡大、新部門・新作物の導入」が３戸、「農地の低利用、未利用地化・荒廃化の防止」が５戸見られる。集約的拡大への経営展開は明らかだが受入農家に経営面積の拡大が見られるかどうかはこのアンケートの設問からは定かではない。

２戸の受入農家のヒアリングでは、１戸は187ａ（うちハウス９棟1,800㎡）、個人直売が70～80％を占める多品目生産・直売型経営農家である。ボランティアの受入による集約的拡大は行われているが経営面積の拡大ははっきりしない。もう１戸の農家は20年来NPOと無関係に援農に来ていた無償のボランティアを何年か前にNPOの有償のボランティアに切り替えて受入れている。この農家は農地の一部を生協が組合員対象に開園・管理する体験農園用に貸していることからわかるように80代前半の経営主とボランティアで農業経営を維持している性格が強い。したがって経営面積の拡大は見られない。

第４節　団体の行う援農ボランティア活動の展開

今まで述べてきた団体が行う援農ボランティア活動の展開は**表4-8**のようにまとめることができるだろう。

一言でいえば受入農家の支援・都市農業の担い手支援の役割に加えさらに縮小農家の農地・経営の継承、荒廃地の再生によって農業経営の担い手・都市農業の担い手の役割を果たすようになってくるという変化である。受入農家とNPO法人には既にそのような展開が見えていることを述べてきた。ボランティアに関してはボランティアが農業経営に乗り出すというような展開は調査の中ではまだ見られなかった。しかし農家の枠組みの中だけでの農地・農業の継承では都市農業の維持は困難になってきていること、都市住民の都市農業への関心や評価が高まってきていることを考えると、ボランティアやボランティアグループの支え手を越え担い手としての役割が期待される。援

表4-8　団体の行う援農ボランティア活動の展開の模式図

<table>
<tr><td colspan="2"></td><td colspan="5">援農活動の展開</td></tr>
<tr><td colspan="2" rowspan="2">援農活動
の性格の変化</td><td colspan="3">1．受入農家の支援/都市農業の担い手支援
（農業経営の支え手・地域農業の支え手）</td><td>➡</td><td rowspan="2">2．地域の農業・農地の維持・保全（縮小農家・離農農家の経営・農地の継承/荒廃地の再生）
（農業経営の担い手・地域農業の支え手）</td></tr>
<tr><td>農作業の支援
（指示・被指示関係）</td><td>→</td><td>農業経営の支援
（責任分担・協働関係）</td><td>⇒</td></tr>
<tr><td rowspan="3">ボランティア活動の担い手</td><td>①ボランティア</td><td>指示の下で農作業</td><td>→</td><td>責任分担・農家との協働関係</td><td>⇒</td><td>ボランティアの組織化（グループ化）・自立的活動
離農農家の農業の継承。農地の保全・維持</td></tr>
<tr><td>②受入農家</td><td>労働力不足・農作業支援の為のボランティア受入</td><td>→</td><td>経営展開の為の労働力支援の受入</td><td>⇒</td><td>経営規模の拡大（規模縮小・離農農家の経営・農地の継承、荒廃地の再生）
地域の農地の保全、地域農業の維持</td></tr>
<tr><td>③援農ボランティア組織</td><td colspan="3">・ボランティアと受入農家の活動のマネージメント
・援農活動継続のための活動
ボランティア、受入農家の掘り起こし
ボランティアの教育・育成
ボランティアと受入農家のマネージメント
・農家の支援：農産物販売の支援、農作業受託
・住民への啓発活動
市民農園、農園での野菜づくり
多様な事業展開</td><td>⇒</td><td>ボランティア組織が自ら経営主体に
（地域農業の支え手）
規模縮小農家・離農農家から借地
荒廃地・遊休地の再生
→農地の維持・保全</td></tr>
</table>

資料：筆者作成

農先農家の農業経営の継承が困難になった時にボランティアやボランティアグループがその担い手になる、あるいは家族が定年になるまで、あるいは孫が継ぐまでの担い手として期待されるなどの動きは、都市農地貸借法が制定された状況においては今後考えられる動きであろう(14)。

注

（1）ここで取り上げているのは目的を持ち会費を徴収している組織、会費を徴収しなくても自分たちで名前を決めある程度明確な目的を持って活動している組織である。農家に複数のボランティアがばらばらに援農を行っている形態もあるがここでは対象としていない。

（2）東京都農林水産振興財団による「東京都認証特定非営利活動法人における農業振興活動実態調査」（2021年１月）の結果である。都振興財団『東京農業の支え手育成支援事業報告書』2021年３月、p.11。

（3）小金井援農サークルの発足の経緯、活発に行われていた発足後の活動につい

ては拙著『都市農地の市民的利用　成熟社会の「農」を探る』（日本経済評論社、2003年）pp.146 ～ 149

（4）「NPO法人　たがやす」の設立時の状況については前掲・拙著（2003）で触れている（pp.149 ～ 150）。その他「たがやす」について以下の中で触れられている。八木洋憲「第10章　都市農地の保全と市民参加型経営」（八木宏典編『農業経営の持続的成長と地域農業』養賢堂、2006年）、八木洋憲著『都市農業経営論』（日本経済評論社、2020年）pp.104-105。

（5）ただし事実上は借地に近い。

（6）詳しくはアグリタウン研究会「令和２年度　東京都内等における援農ボランティア実態調査　調査結果報告書」（2021年２月）所収、拙稿第１章－２「『NPO法人たがやす』（町田市）の援農ボランティア事業」参照のこと。

（7）研修農園の対象は農の学校と野菜栽培塾を終了し援農ボランティアとして活動している人、実験農園の対象は農の学校終了後３年が経過し、援農ボランティアとして活動している人である。この二つの農園の設置の目的には交流機会のないボランティア相互のコミュニケーション、援農活動の情報交換、援農活動意識の向上もある。

（8）非農家の会員には援農ボランティア活動に参加する正会員と夏の早朝にナスの収穫作業だけに参加ができる賛助会員がいる（2019年、賛助会員30人、うちナスの収穫作業に従事した人は22人。ナスの収穫作業の謝礼は援農ボランティアの作業とは異なり収穫量による）。

（9）女性の49歳以下のボランティアの平均援農時間は304時間と最も長い。これは「たがやす」のボランティアが「有償」であることと関係しているのかどうかは検討の余地がある。そうだとすれば「有償」は女性の若い世代にボランティア活動のすそ野を広げたことになるからである。

（10）７農園開設しうち１農園は農家に移管したので2020年11月現在６農園（6,864㎡）を運営している。

（11）日野人・援農の会のHP（https://www.hinobito-ennou.org/　2021・12・22アクセス）による。

（12）2020年12月実施。詳しくは上記注（６）の報告書参照のこと。

（13）「有償」ボランティア活動については後の第７章で触れる。

（14）例えば練馬区ではボランティアのグループが農家の要望に応えて独自に援農を行う動きや農業経営に踏み出す方向での議論の端緒が見られる。

援農ボランティア論

第5章

援農ボランティアと受入農家の実態

～稲城市Mファームの事例～

第1節　私と農業との関わり

私は、山村の養蚕と稲作農家のいわゆる「五反百姓」で、イノシシにも無視されてしまうような自家用野菜を作っていた農家で育ち、春のワラビやタラノメ、秋のマツタケやシメジ、アケビなどの山の幸を採るという暮らしであった。したがって売り物になる野菜生産に必要な栽培管理や病害虫防除・機械操作などの経験はなかった。

そんな私は、東京都農業会議に1979年から2019年まで40年間勤め、「農地と担い手」政策に取り組んできた。退職後、農業との関わりを志す思いを三つ持っていた。

一つ目は、「農地を耕したい」という憧憬と若干の義務感であった。全国の農地の耕作放棄地が増加し、今は富山県に匹敵する面積にもなっているという。その要因は多々あり、企業が参入すれば解決するとして、特区制度や農地法改正もされたが一向に減少はしていないようだ。そのことについてはここでは触れないが、ともかく耕作放棄地の解消と防止は、農政の最大課題の一つとなっている。

農地行政のリーダーである農業委員会系統組織が、農林水産省から叱られてばかりいるので、退職後、自分が耕すことで少しでもその一助になればとの思いもあった。私は、農林水産省や都道府県の農業関係機関や関係団体の農業関係に携わった職員が、退職後に、田や畑に出て、草むしりや収穫など、ほんのちょっとでも農作業を手伝い農家の人と一緒に汗を流すことも、耕作放棄地の解消や発生の防止になるのでは考えている。

二つ目は、「もう少し農地を借りようか」という農家の方の意向の醸成への一助である。2018年都市農地貸借法が制定され、都市農業者の悲願が達成された。従来から実施されている市街化区域以外の農地の貸借に加え、一定のルールを満たせば日本のどこの農地も農業者に限らず、一般企業も個人も借りやすくなった。その貸借の実績を上げることを農業委員会系統組織に求められている。

そもそも農地を借りようとする農業経営は、家族農業従事者に加え家族外の農業従事者の存在が大きな要因の一つではないかと考えている。

家族従事者だけの経営者は、家族だけで可能な経営面積で、農業経営を展開しようとする。しかし、常時雇用者、パート、援農ボランティア、研修生など身内以外の従事者がいると、普段の経営にも緊張感がでて、農業経営の将来構想にも農地を借りる発想が出てくる可能性があるのではないかと思うからである。

三つ目は、「自作自食」の実践であった。以前から、コメや野菜や果物を「自分で作ったものを自分で食べたい」というあこがれを抱いていた。流通では地産地消、ライフワークとしては自給自足とか半農半Xなど、いろいろな表現をされているが、私にはおこがましく、気負いの無いもっと単純な考えである。

居住地の市民農園に応募し運よく当れば、「野菜は足音を聞いて育つ」という農家の格言を信じていたので、出勤前の朝6時に農園に足を運んで、猫が跨いで通るような野菜を育て食べ、悦に入って満足していた。

退職後は、週末に東京の自宅に帰り、平日は他県で農業実践をしたいという身勝手な思いを描いていた。私のわがままな要望に対し、隣接県の地元の人は、丁寧かつ真剣に対応していただいた。いろいろ話しているうちに、東京と地元を往き来しながらコメを作りたいという私の構想は、水の見回りは自分の目で毎日欠かさず見なければならないという米作りの基本を忘れ、結局は、都会人のわがままとして耕作放棄地発生の遠因になるということに気づき、遠慮することとした。

農業経営については、自らが家族外農業従事者の一員となって経験したいと思ったからである。

第２節　Ｍファームの経営概況

私は、Ｍファームにおいて2020年５月13日より農作業手伝いをはじめて、もう少しで２年になろうとしている。

かねてよりＭ代表から、「うちに来いヨ」といわれていたことに甘えて、携帯電話に連絡入れると、「今、みんなで畑の石拾いをしているところだ、明日からでも来なよ」と誘っていただいたので、押しかけることにした。

援農ボランティアのように、事前に、農作業の講習や座学の研修を全く受けておらず、Ｍファームには迷惑をかけているのが現実である。

その当時、Ｍファームには既に援農ボランティアが３人手伝っており、講習も受けていない私が行くことは迷惑かとも思ったが押しかけることにした。

１）農地等の状況

約50ａの自作地４カ所および約40ａの借入地５カ所の合計約90ａを経営している。このうち２カ所は自作地と借入地が隣接しており、実態としては農地は６カ所に分散している。いずれも市内にある。

中心となっている圃場は、自宅から約１km離れたところにある。拠点には露地約40ａと約300㎡のビニルハウス、農機具・小農具や農薬等を納める納屋がある。援農ボランティア等は、その圃場に自転車やバイクで集合し、その日の農作業の内容により、他の圃場に軽トラックで移動する。

本場に隣接した圃場番号２の借入れている畑は、所有者が高齢化し、自身での耕作が大変で、Ｍファームとしては自作地と一体となって使用できるので借りている。圃場番号５は稲城市南山地区区画整理地内の高台に農地があり、条件が良いと筑波山を見ることが出来る。圃場番号６は、生産緑地で所有者が高齢化し、後継ぎは農業をしていないので借りている。圃場番号７は、

表 5-1　Mファームの圃場・面積等の状況

圃場番号	施設等	自作地 借入地	所有者	面積 ㎡	本場からの距離	備考
1		自作地		3,000		本場
	パイプハウス（間口7.2m×50m）	自作地		360		本場
	納屋(１棟)					本場に設置
	井戸（１基）有り					
2		借入地	知人	500		本場の隣接地
3		自作地		300	約１km	自宅
4	井戸（１基）有り	自作地		1,500	約１km	梨有り
5		自作地		500	約３km	
6		借入地	知人	1,000	約３km	５の隣接地
7		借入地	知人	500	約３km	５の隣接地
8		借入地	知人	500	約５km	
9		借入地	遠縁	400	約１km	
10		借入地	知人	500	約１km	
				9,060		

資料：筆者作成

自作地に隣接し規模拡大のため、2021年２月より借りている。圃場番号８は、稲城市坂浜地区にあり離れているが、ダイコンやニンジン、サトイモに適した土壌として知人から借りている。圃場番号９は、遠縁にあたる所有者が農業に携わっていないが、農地を維持したい意向があるので、借りている。圃場番号10は、懇意にしている農業者仲間が所有しているが、現在体調を崩しているため、回復するまで借りて耕している。

定期的に来る援農ボランティアと知人が月曜日から金曜日まで毎日３人以上いる。その中には１年以上継続し、農作業の内容を理解しMファームのスタッフ的存在になっている人がいる。M代表が農地を借りようという気持ちになった背景である。

２）作付け品目

野菜栽培を主力経営として、通年で40品目を作付けしている。収穫時期により冬季（12～２月）、春季（３～５月）、夏季（６～８月）、秋季（９～11月）に分けてみると次のようになる。

冬季…キャベツ、ブロッコリー、スティックセニョール、ロマネスコ、カリフラワー、ハクサイ、結球レタス、ロメインレタス、フリルレタス、ニンジン、ダイコン、サトイモ、コマツナ、ホウレンソウ、チンゲンサイ、シュンギク、冬ネギ。

春季…アスパラ、タマネギ、ニンニク、キャベツ、ブロッコリー、スティックセニョール、カリフラワー、ハクサイ、結球レタス、ロメインレタス、フリルレタス、ノラボウ、コマツナ、ホウレンソウ、チンゲンサイ、シュンギク。

夏季…ジャガイモ、ナス、水ナス、長ナス、ピーマン、シシトウ、甘長トウガラシ、ニラ、夏ネギ、大玉トマト、ミニトマト、キュウリ、インゲン、カボチャ、カブ、ズッキーニ、空心菜、オクラ。

秋季…キャベツ、ブロッコリー、スティックセニョール、カリフラワー、ハクサイ、結球レタス、ロメインレタス、フリルレタス、コマツナ、ホウレンソウ、チンゲンサイ、シュンギク、スイスチャード、ダイコン、カブ、ニンジン、ダイコン、ラディッシュ。

果樹は、隣接地が集合住宅で冬に日陰となり、野菜が育たない。一カ所だけで梨を栽培している。

3）販売先

学校給食への納入、共同直売所はJA東京みなみ本店の「めぐみの里」、稲城支店の「シンフォニー」、自ら開設した個人直売所「ほのか」、自宅および本場の無人直売所の計6カ所である。

Mファームの農産物を食する人は、学校給食は7才から15才の児童・生徒、JAの2カ所の直売所は、幅広い年齢層、直売所「ほのか」は、比較的若い世代、自宅や本場の直売所は、比較的高い年齢層といえる傾向がある。そのため、売れ筋の野菜もそれぞれ相違があるという。

４）農業労働力

(1) 家族労働力

家族労働力は経営主の他、出荷調整作業と販売作業を担当している妻と次女である、長男は、将来は後を継ぐことになっており、現在は近県で農業関係の仕事に従事し、人脈や技術を研鑽中である。

(2) 家族外労働力

家族以外は10人で、作業時間は全員が午前９時から昼までの３時間、無給で手伝っている（**表5-2**）。

休憩時間は10時前後に30分くらいのお茶時間がある。経営主や手伝いの人の話題が豊富で、笑い声が絶えない貴重な交流の場となっている。

援農ボランティアは、男性３名、女性４名が来ている。60代後半の男性３名、40代の女性２名、50代の女性１名、60代の女性１名の計７名である。全員が稲城市登録援農ボランティアである。

表 5-2　Mファーム現在の援農状況（定期）

家族外従事者	性別		年代	週日数	援農日	定期援農開始年月	備考
	男性	女性					
ボランティア２期生		○	60 代	4	火・水・木・金	2019 年２月	
ボランティア２期生		○	50 代	2	水・金	2019 年２月	
ボランティア３期生	○		60 代	3	月・水・金	2020 年３月	
ボランティア３期生		○	40 代	3	月・水・金	2021 年２月	2019 年２月にMファームで援農実績
ボランティア４期生		○	40 代	1	木	2021 年５月	
ボランティア２期生	○		60 代	1	水	2021 年８月	2019 年 3～11 月にMファームで援農実績（不定期）
ボランティア１期生	○		60 代	3	月・火・木	2021 年９月	2018 年２月～2019 年６月にMファームで援農実績（不定期）
知人A	○		60 代	6	日曜以外	援農制度以前より	
知人B	○		60 代	2	火・木	2021 年８月	
知人C（筆者）	○		60 代	5	土・日以外	2020 年５月	
	6	4					
新規就農希望者の研修生受入。2021 年夏～女性２名。							

資料：筆者作成
注：援農時間は、原則として午前中である

援農活動日は、火・水・木・金曜日の女性１名、月・水・金曜日の男性１名と女性１名、水・金曜日の女性１名、水曜日の男性１名、木曜日の女性１名、月・火・木の男性１名である。

この他に知人男性３名が手伝いに来ている。内訳は、日曜日以外に来て、機械操作作業を担い、経営主からの作業の段取りや作付けの相談にものり、右腕となっている30年来の知人である60代後半の男性１名、そのほかに、火と木曜日に来る60代後半の男性１名。

加えて月・火・水・木・金・土（隔週）曜日に行く60代後半の男性１名（筆者）である。

平日の家族外労働力は、援農ボランティアが月曜日３名、火曜日２名、水曜日５名、木曜日３名、金曜日４名となっている。このように平日は、誰かしらボランティアが手伝っている状況である。加えて知人男性が毎日１名と火・木曜日に１名来ている。さらに、就農を考えている20代の女性２名が体験として日曜日に月２回来ている。

第３節　Mファームの援農ボランティアの受入状況

１）受入人数や時間等が増加

Mファームの援農ボランティアの受入は、稲城市の援農ボランティア制度が発足した2018年２月から始まった。2021年７月末現在までの受入状況は**表5-3**のとおりである。

2020年６月からは、基本的に月曜日から金曜日までの平日の午前９時から午前中３時間を受け入れている。M代表の言葉を借りると「受入という表現よりも、助けてもらう」というのが、正直なところだろう。

2020年４月から2021年３月までの１年間をみると、援農ボランティアの実人数は７人で、この７人のうち３人の援農者は現在も来ている。援農のべ人数は255人で援農日数は172日である。雨天中止や援農者の都合もありこの援農日数となっている。

表 5-3　Mファームの援農ボランティア人数・援農時間等

			2017 年度	2018 年度	2019 年度	2020 年度		2021 年度
			年間	年間	年間	年間	4月～7月	4月～7月
援農実人数	（人）		4	7	15	7		*6*
援農のべ人数	（人）	ⓐ	4	17	92	255	*88*	*129*
援農日数	（日）	ⓑ	2	8	50	172	*59*	*69*
援農時間	(h)	ⓒ	8	44	217	776	*264*	*387*
1日7時間換算の日数	（日）	ⓒ/7	1	6	31	111	*38*	*55*

資料：Mファームの援農ボランティア記録より筆者再集計
注：1）稲城市援農ボランティア制度は、2018 年度の 2 月より開始。2～3 月の実績である
　　2）2021 年度は年度途中のため 7 月末日とし、2020 年度の同時期と比較した

2019年度と比較すると、援農のべ人数は、92人から2.8倍の255人。援農日数は、50日から3.4倍の172日、援農合計時間は、217時間から3.6倍の776時間と大幅に増加した。合計援農時間を1日当たりの就業時間を7時間として換算すると、2019年度は31日間で、2020年度は3.6倍の111日となる。技術力等は勘案していないが大きな戦力となっているといえる。

2）援農ボランティアの農作業の区分

Mファームの農作業は、基本的には播種・定植、草取り、片付け作業は援農ボランティア、トラクターによる耕耘やマルチ敷きといった機械作業は経営主と知人男性、防除作業と毎日の直売用野菜の収穫作業は経営主が行っており、多くの作業を援農者に頼っているのが現実である。

1月末からは､播種作業や移植作業と300㎡のハウスアスパラの手入れ作業。成長が早いアスパラは、常に整枝作業が必要となり手間がかかり肥培管理が忙しい。しかし、ハウス内の温度が上がる夏場は熱中症の心配もあり、作業時間は9時半頃までか雨天・曇天時に限定し、殆どは露地の農作業である。

2月から4月にかけては、夏野菜の播種や定植作業、5月連休明けから約1ヶ月は、早生・晩生タマネギの葉が折れ始めると収穫と葉や根切りの出荷調整作業である。

1個平均300ｇ前後のタマネギを手で引き抜く作業は、汗が目に入ったり、腕の力がなくなってきたりして、雑談をしたりかけ声をかけながらやらない

と気が滅入る。半袖だと日焼けする。収穫後は、倉庫に山と積まれたタマネギの根と葉をひたすらハサミで切り落とし、大・中・小に３分類してコンテナに入れる作業となる。コンテナ１基30kgほどなので運ぶのに腰を痛める。一向に低くならないタマネギの山は、先の見えないトンネルの中のようだ。M代表曰く「援農さんに依頼する前の時期には、何日もこの作業が続き、本当にイヤだった」という。下の方のタマネギは蒸れて痛むので、急いでやる必要がある。雨天が続くと、扇風機を回して乾かす。

梅雨時期から盛夏の６〜７月にかけては、夏野菜の草取り作業と収穫後の片付け作業が続く。「雨のため今日の農作業は中止です」というM代表からの連絡も多い時期でもある。

南山区画整理地内で、昨年から借りた隣接地の1,000㎡の畑地には、夏ネギと冬ネギを植え、３人の女性の援農ボランティアが草取り作業を同じ畑で２回ずつ行った。生育状況もよく期待したが、夏ネギは収穫間際に出荷できないほど柔らかくなり、残念だが耕耘してしまおうとなったが、「援農さんの汗が土に染み込んでいる」といって、まだ販売できそうなネギだけを収穫したこともあった。

夏野菜の片付け作業と平行して、ニンジン、ダイコン、カブやキャベツ、ブロッコリー等の秋・冬野菜の播種を行い、その後移植作業、草取り作業と片付け作業を繰り返し行った。

果樹類は、幸水、稲城、あきづき、新高の４品種の梨を生産している。今年は、花粉取り、受粉、摘果、袋掛け、袋外し作業を援農者も行った。受粉作業では、１本に二人一組で取り組み、摘果作業は、形のよいもの、残す個数等を聞き、作業を開始したが、落とすのがもったいないため、残しすぎてしまった。袋掛けでは、見落としや掛け残しも多く、後日代表が見直し作業が必要だったようである。商品性のある果実生産は難しいものである。

2021年３月からは、女性援農者が主体の庭先売りを始めた。これは、様々な農作業が農作物生産にどのように関わっているか、また、商品性を高める袋詰め作業あるいは魅せる直売所づくりに関心を高めるためである。また、女性援農者に対し圃場の一部を提供し、消費者に好まれる野菜を試験的に作付けしている。援農者は、スーパーの単価や荷姿およびホームセンターの種や苗の販売状況を参考にして消費者の動向を探っている。

このような、M代表の援農者への配慮が農作業のマンネリ化の防止、さらにMファームのスタッフの一員であるという意識の醸成ともなり、援農意欲の高揚にもつながっているのではないかと思われる。

M代表は、援農者に頼んだ農作業が予想以上に早くはかどってしまい、「もう、終わったの？」と、早すぎて次の段取りが間に合わないと嬉しい悲鳴を上げる時もある。

例えば、ポットへの種蒔き作業では、土を入れる人、播種する人、土を被せる人、移植作業では、ポットから苗を取りマルチ穴に置く人、移植器で植える人など、援農者が自分たちで役割分担をして、冗談を言いながら作業を進めると「アッという間」に終わってしまうのである。その日の援農者でチームを組んでしゃべりながらやることが功を奏しているといえる。

M代表は、援農者が帰った後、補植・補正作業をするのだろうけれども、最初から自分で全てやるのと、修正作業では時間も作業量も省力化につながっている。援農者には御の字であり本当に助かると常に語っている。

3）稲城市援農ボランティア制度「いなぎ農業ふれあい塾」のはじまり

Mファームの農業従事者を支える稲城市援農ボランティア制度について整理しておきたい。稲城市においても、農業従事者の高齢化と後継ぎ不足は否まれず、かつ、主力の梨やブドウといった果樹類の防除作業も機械音や農薬散布への苦情や市民の農業理解と共存から、農業者の都合ばかりの農作業もしづらくなり、かねてより将来への懸念材料となっていた。

そのような状況の中で、稲城市の援農ボランティア制度が創設され、「いなぎ農業ふれあい塾」と称し、市民の援農ボランティア養成を行っている。現在６期生が受講している。

ふれあい塾は、「援農ボランティア制度は、農業支援に意欲のある者が、農業者の高齢や担い手不足により、営農が困難となった農家の作業の補助を無償で行うと共に、農業者と交流することで稲城農業への理解を深めるものである。援農ボランティアに参加する者は、農業経験がない人も多いため、実際に援農を行う前に最低限の知識や技術の習得をしてもらうことを目的とし、養成講座を実施する」との設立目的により進められている。

塾の体制は、稲城市長を塾長、稲城市農業委員会長及び会長職務代理を世話人として、座学講座をJA職員、市所有地を畑に開墾した圃場での実習講座を稲城市農業委員や農業者とJA職員を講師として、月２回（第２・第４水曜日）午前10時から２時間（６～９月午前９時から）の10ヶ月年間20回行う。座学は月１回（第２水曜日）午後１時半から２時間の年間９回行い、出席が全日程の80％以上または塾長が特別に認めた者を援農ボランティアとして認定している。

第４節　Mファームの次のステップ
～援農ボランティアが経営を支える～

１）援農者が農作業手順を認識　経営主のモチベーションも支える

Mファームは、基本的には土・日以外の平日の午前中に援農を依頼している。最初の援農者が２年目になり、１年間の農作業手順も概ね認識し、当日の作業説明も当初よりは簡潔にできるようになった。また、圃場での無人直売所がもうすぐ１年を経過し、消費者の嗜好や購買層の傾向なども次第に把握し、農産物の商品性も認識しつつあるので、次のステップを考えている。

すなわち、援農ボランティアを収穫・出荷調整グループと肥培管理グループに大別して、午前組と午後組に依頼しようという構想である。曜日や作業内容など詳細は今後詰めることになるが、援農者がMファームにとって不可欠な存在となっていることは明白である。

Mファームは、前述したとおり2021年度の年間援農時間数が約110日分の常時雇用者に値する。加えて、お茶タイムの雑談内容がM氏のモチベーションを支え、高揚感を抱いている原動力になっている。これらが複合的に絡み合って、M氏が「農地を借りよう」というポジティブな気持ちにならんとする要因になっている。

2）「農地を借りたい」というポジティブな意向を支える『援農ボランティア力』

援農ボランティアに農作業を手伝ってもらうことは、家族以外の従事者を雇用することにも値し、農業経営に対し前向きな気持ちにもなる。この制度が東京農業を支える原動力になっていることは明白である。

M代表は、援農者に依頼する農作業について寛大な言葉や姿勢であるため、援農者はノビノビと活動している。例えば、野菜の持ち帰りについては援農者の希望に添い、援農者用の体験圃場の用意や、援農者が興味を持つ品目の他の農業経営の見学（例えば、ハーブ生産農家の見学）、茶摘みと製茶の体験、畑でのキャンプ体験の実施などお茶時間の会話から発展するようなこともある。そういったことが、援農ボランティアが自発的に農作業に前向きとなってく要因であろう。結果的に、「Mファームのスタッフの一員だ」という思いにもなり存在ともなり、M代表の生産意欲や農地を借りようとする意向の後ろ盾となっているものと思われる。「援農ボランティア力」といえるのではないか。

第３章で紹介した広域援農ボランティアに援農を依頼している３人の農業者が、農地を借りたり、借りる意向を示したり、特徴ある販売方法を展開しているのも、援農ボランティアの存在があり、前向きな気持ちになっているからである。

第５節　援農ボランティア受入農家の多様な経営形態

1）援農ボランティア受入と経営者の意向

特に野菜農家の受入状況は多様である。家族従事者が揃っているか所有農地がどのくらいか、経営を担っている主宰者がどのような考え方をしているか、作付け品目数が多品目か少品目か、販売先が市場出荷主力か、スーパー主力か、学校給食主力か、共同直売所や個人直売所などの直売主力か施設があるかどうか、また、どのような品目を栽培しているかなどによって農作業も異なってくる。

そもそも家族外の農業従事者については、家族従事者が充実しているかどうかが判断材料の一方で、「他人を畑に入れたくない」、「自分のペースでやりたい」、「自分の手法でやりたいから任せられない」など、援農ボランティアを受け入れない経営主宰者の意向があるといわれる、まさに、親の世代と若い世代の受入意向が異なっているといわれる。

家族のみによる農業経営が多い東京の農家にとっては、パートや援農ボランティアといった家族外労働力の活用が農業経営のビジョン形成に影響を及ぼす。さらにいえば、家族のみの経営では、マイペースの農作業、会話や茶菓子など無用な気遣いもいらず、畑に他人を入れたくなく、年齢が増し、体力も衰えると作付も農作業も削減やムリをせず、生産も縮小に向かう。しかし、家族以外の人が農作業に携わることにより、お茶時間や農作業中の会話も増え、全て家族でやらざるを得なかった作業を依頼することも出来、その分、自分は他の作業をすることができる。受入にあたって作業の段取りもあるが、ある意味で緊張感を持った経営となるであろう。その結果、援農ボランティア受入農家にとっては、作付けがされ、農業の継続につながり、さらに作付けのべ面積や経営面積の拡大につながっている。

2）援農者は受入農家のスタッフ

八王子市の農業専用地域で農業経営を展開する援農ボランティアが経営のスタッフとなっている事例を紹介したい。NPO法人すずしろ22の援農の受入農家である、M・B氏は、周囲を里山に囲まれた農振農用地区域で地域唯一の専業農家として、所有農地面積100ａで、キュウリ、ナスを主として約20品目の野菜とブルーベリーを生産し、出荷先はほとんど95％をスーパー３

社に納め、５％ほどを学校給食に納入している。家族農業労働力は、本人の他に、奥さんが毎日の午後にスーパーに配達し、母親が袋詰めをしている。家族以外の農業労働力は2016年からすずしろ22に依頼し、70代の男性３名が月・水・金・土曜日の午前８時から12時（夏は６時～12時）まで援農してくれ、他にはパート（40代の女性１名が水･金曜日、袋詰め作業）研修生（30代男性３名が火・木曜日）他のボランティア（３名、日曜日)、福祉関係施設（４名、水曜日）と誰かしらが来てくれている。

援農ボランティア等に依頼する農作業は、トラクター等の機械操作と防除作業は本人が行い、それ以外の農作業は全て頼む。袋詰め作業は、女性の方が得手なように見えるので、男性には頼まない。援農ボランティア等は、農作業だけでなく、それをメモしたり、野菜納入先のスーパーの野菜の陳列や販売状況を見てきて報告してくれたり、播種や植付け・草取り・収穫・片付け作業など必要な農作業の進んでやってくれるので、当日の農作業を説明する必要もないくらいである。援農者は「オラが畑」という思いがあるのか、実に積極的で助けられている。「援農者がいるので農業経営が回っている」それもあり、経営主は、農業経営に意欲的となり、農地を借り規模を拡大することとなった。

第6章

援農ボランティア制度のマネジメント論

第1節　援農ボランティア制度の持続性

自治体が主導する援農ボランティア制度は、一般的に「ボランティアの募集→事前講習の実施→ボランティアの育成→受入農家とのマッチング→活動」というプロセスを経る。事前講習は実施していない自治体もあるが、「募集→マッチング」は共通している。

援農ボランティア制度の成立条件は、第一にボランティアの確保である。これは、新規のボランティアを毎年一定数育成すること、既存のボランティアが長く、楽しく活動を継続することがポイントになる。

援農ボランティアが集まらなければ、活動自体の広がり、受入農家の拡大にはつながらない。集まったとしても、ボランティアが活動を継続しなければ、受入農家のニーズに応えることができず、制度自体が機能不全に陥ってしまう。援農ボランティアの新たな確保と同様、既存のボランティアによる活動の継続が制度の持続性にとって重要な課題である。

本章の目的は、このような課題に対し、援農ボランティア制度全体のプロセスをどのようにマネジメントできるのか検討することである。アグリタウン研究会で実施したアンケート調査の結果などを用いて、タイプが異なる国分寺市、練馬区、日野市を事例として取り上げる。事例における援農ボランティア制度の現状と特徴については、第2章第2節を参照されたい。

第２節　援農ボランティア制度の評価

それでは、援農ボランティアと受入農家が制度をどのように評価しているのかアンケート調査の結果をもとに見ていく。アンケート調査では、「事前講習」「マッチング方法」「活動／受け入れ」という３点について５段階で評価を行った。

表6-1は、援農ボランティアによる制度の評価である。評価、満足度が高く、

表 6-1　援農ボランティアによる制度の評価

国分寺市（2019 年度）

市民農業大学習得講座	n	大いに評価する	評価する	どちらともいえない	あまり評価しない	全く評価しない
	71	30（42.3%）	38（53.5%）	1（1.4%）	2（2.8%）	0
マッチング方法	n	大いに評価する	評価する	どちらともいえない	あまり評価しない	全く評価しない
	69	8（11.6%）	31（44.9%）	23（33.3%）	5（7.2%）	2（2.9%）
援農ボランティアとしての活動	n	非常に満足	満足	どちらでもない	不満足	非常に不満足
	71	21（29.6%）	36（50.7%）	12（16.9%）	2（2.8%）	0

資料：アグリタウン研究会「令和元年度 東京都内における援農ボランティア実態調査 調査結果報告書」（2020 年 3 月）より筆者作成

練馬区（2020 年度）

農の学校	n	大いに役に立つ	役に立つ	どちらともいえない	あまり役に立たない	全く役に立たない
	44	18（40.9%）	21（47.7%）	3（6.8%）	2（4.5%）	0
マッチング方法	n	大いに評価する	評価する	どちらともいえない	あまり評価しない	全く評価しない
	44	3（6.8%）	23（52.3%）	15（34.1）	3（6.8）	0
農サポーターとしての活動	n	非常に満足	満足	どちらでもない	不満足	非常に不満足
	41	5（12.2%）	27（65.9%）	7（17.1%）	2（4.9%）	0

資料：アグリタウン研究会「令和２年度 東京都内等における援農ボランティア実態調査 調査結果報告書」（2021 年 2 月）より筆者作成

魅力的な活動になっていることがわかる。

その中で、「事前講習」が最も評価が高い。両者ともに約4割が「大いに評価する（役立つ）」を選択し、「評価する（役に立つ）」を含めると、約9割を占める。次に評価が高いのが「活動」である。「非常に満足」「評価する（役に立つ）」の合計が、両者ともに8割近くになる。一方で、「どちらともいえない」「あまり評価しない（あまり役に立たない）」も約2割いる。

最も評価が低いのが「マッチング方法」である。「大いに評価する（大いに役立つ）」が両者とも6割近くいる一方で、「どちらともいえない」「あまり評価しない（あまり役に立たない）」が約4割、国分寺市では「全く評価しない」も選択されている。

表6-2は、受入農家による制度の評価である。ボランティアよりも、評価、満足度が高い。受入農家にとっても、魅力ある制度になっていることがわかる。

表6-2　受入農家による制度の評価

国分寺市（2019年度）

	n	大いに評価する	評価する	どちらともいえない	あまり評価しない	全く評価しない
市民農業大学習得講座	15	8（53.0%）	6（40.0%）	1（6.7%）	0	0
マッチング方法	15	3（20.0%）	9（60.0%）	3（20.0%）	0	0
援農ボランティアの受け入れ	14	9（64.3%）	5（35.7%）	0	0	0

資料：アグリタウン研究会「令和元年度 東京都内における援農ボランティア実態調査 調査結果報告書」（2020年3月）より筆者作成

練馬区（2020年度）

	n	大いに評価する	評価する	どちらともいえない	あまり評価しない	全く評価しない
農の学校	22	5（22.7%）	12（54.5%）	3（13.6%）	2（9.1%）	0
マッチング方法	22	3（13.6%）	10（45.5%）	5（22.7%）	4（18.2%）	0
農サポーターの受け入れ	21	8（38.1%）	9（42.9%）	1（4.8%）	3（14.3%）	0

資料：アグリタウン研究会「令和2年度 東京都内等における援農ボランティア実態調査 調査結果報告書」（2021年2月）より筆者作成

その中で、「受け入れ」が最も評価が高い。「大いに評価する」「評価する」を見ると、国分寺市では全員、練馬区でも約８割が選択している。次に評価が高いのが「事前講習」で、ボランティアと同様、「マッチング方法」の評価が最も低い。

このように、「マッチング方法」に対する評価の低さが共通している。さらに、「活動／受け入れ」に対する評価がボランティアは全体として低くなる一方で、受入農家は満足度が高い。この違いを見ると、援農ボランティア活動の捉え方に対する「意識のズレ」が生じていると推測される。

マッチング方法の改善とボランティアによる活動への満足度の向上が制度のマネジメントを考える上で重要な論点になる。

第３節　ボランティアマネジメントとは何か

1）ボランティア活動の継続要因

図6-1は、ボランティア活動の継続性を規定する２つの要因についてである[(1)]。ひとつは、私的要因である。生活環境の変化や介護の必要性、引っ越し、病気、高齢化、体力の低下などが挙げられる。こうした要因は、操作不可能な要因で、第三者による改善、解決が難しい。

図6-1　ボランティア活動の継続性を規定する２つの要因

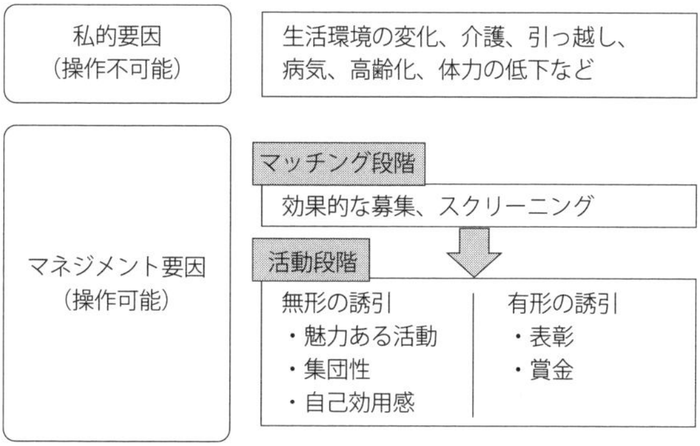

資料：桜井（2007）を参考に筆者作成

もうひとつは、マネジメント要因である。これは、操作可能な要因と言い換えることができる。援農ボランティア活動に即して見ると、マッチング段階と活動段階に分かれる。マッチング段階では、ボランティアをスクリーニング（選り分け）し、活動を主体的に担える人材を育て、丁寧にマッチングすることが求められる。

その後、活動段階では、有形と無形の誘引がある。無形の誘引とは、「魅力ある活動」「集団性」「自己効用感」の３つに大きく分けられる。魅力ある活動はボランティアが活動自体に魅力を感じているか、集団性はボランティア活動をつうじて参加者同士が人間的な関係性をつくることができているか、自己効用感はボランティア活動にやりがいを感じているかどうかである。この３つの要因が無形の誘引の代表である。有形の誘引とは、表彰や賞金などを与えて、活動のモチベーションを向上させることである[(2)]。活動の継続性を考えた場合、無形の誘引がより重要になる。

２）マッチング段階のマネジメント

ボランティアのマッチングでは、広報と募集が入口となる。必要としている人に情報が届いているか、効果的に募集活動ができているかどうかがポイントである。

募集後は、希望者への面接とオリエンテーションの実施が必要になる。これは、ボランティア活動を行うにあたっての準備と参加動機の確認も兼ねている。ボランティア活動の必要性を説明し、お互いが理解を深める機会となる。専門性のある活動に従事する場合、最低限求められる基礎的なトレーニングを行うこともある。

募集と同時に、ボランティアが活動に参加できるかどうか、さらには継続できるかどうかを見極めることがマッチング段階のマネジメントの目的である。

3）活動段階のマネジメント

マッチング後は、ボランティアとして実際に活動を行う。無形の誘引として挙げた３つの観点から見ていく。

１つ目は、魅力ある活動である。当然のことだが、活動自体が魅力的でなければ、ボランティアは継続しない。ボランティア活動には「補助的活動」「代替的活動」「独自的活動」がある。ボランティアが主体的に取り組む独自的活動は、より満足度が高いという。その要因は、主に「業務達成による充足感」「仕事自体の魅力」「仕事の特徴（挑戦的、責任性）」である。

２つ目は、集団性である。これは人間関係の構築であり、コミュニティの形成と言い換えることができる。３つ目の自己効用感は、魅力的な活動や集団性が確保されることによって獲得できる。

このように、丁寧で納得できるマッチングと活動の充実化がボランティアの共感を生み出し、満足度の向上と継続性につながる。

第４節　援農ボランティア制度のマネジメント

1）援農ボランティア制度におけるマッチング

国分寺市は年１回、練馬区は通年でマッチングを行っており、ともに受入農家とボランティアの関係性は固定化されている。そのため、両者のマッチングのあり方が活動の継続条件となる。

国分寺市では、市民農業大学および援農技術習得講座を修了、登録したボランティアを対象に説明会を実施して募集を行う。その後、市とJAがボランティアの希望を考慮しながらマッチングし、顔合わせ会を行った上で、活動を開始する。活動日程、作業内容などは受入農家とボランティアで決める。練馬区では、ボランティアとして活動することが農の学校の受講要件である。国分寺市とは異なり、マッチングから活動を開始するまでに見学、面談、体験などのステップを踏み、全てに事務局が立ち会う。

国分寺市と練馬区に限らず、マッチングは自宅から受入農家までの距離の近さを優先して行うのが一般的である。年間通して日常的に活動を行うため、通いやすさは継続性を支える最大条件となる。

国分寺市では、「マッチングに問題はない」という評価がある一方で、評価しない理由として「事前の説明と作業内容の違い」「受入農家に関する情報の少なさ」「そもそも希望が通らない」「マッチング後に変更ができない」などが挙げられていた。練馬区では、「事務局の丁寧な対応がよい」など評価が高い一方で、「農家と農サポーターのニーズをどうすり合わせるのか」「農サポーターが増加する中で、これからも同じように事務局が対応できるのか」などの意見があった。「マッチングは人間関係なので難しい」という指摘は、国分寺市、練馬区で共通していた。

2）マッチングのあり方

ボランティア活動で生じる課題について、マッチングだけで全て解消できるわけではない。マッチングのあり方は、あくまで活動の継続条件のひとつである。マッチングでは、少なくとも3つの段階を踏む必要がある。

図6-2は、援農ボランティア制度における段階的なマッチングについてである。第1段階は、ビジョンの共有である。都市農業の振興に向けて農業経営を支えるボランティアがなぜ必要なのか、どのような活動を行うのかなどを募集開始前に事前説明会や自治体のホームページなどでわかりやすく、丁寧に伝えることが求められる。援農ボランティア制度におけるボランティアの位置付けや役割などについて「ボランティアステイトメント[(3)]」のような声明文をつうじて提示することも有効である。

募集の際、大半の自治体では年齢や居住地といった条件しか設けていない。動機や意気込みなどを確認してもよいだろう。その後の事前講習は、ビジョンへの理解を深める機会となる。事前講習を実施していなければ、なおさら募集開始前の説明が重要になる。

その上で、事前講習を設けていれば、そこで援農ボランティアとしての心

図6-2　援農ボランティア制度における段階的なマッチング

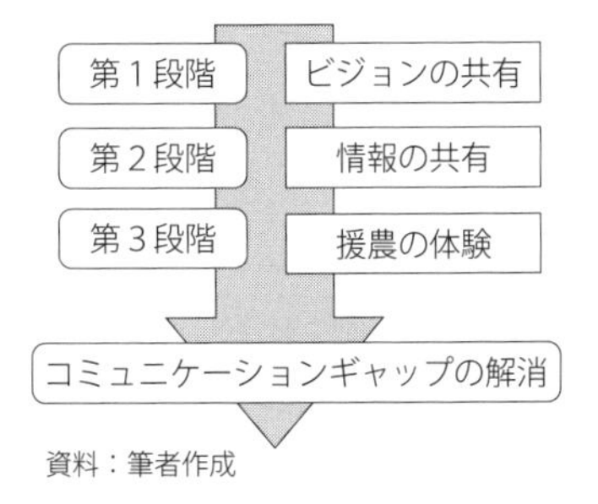

資料：筆者作成

構えや都市農業の持つ公共的な役割を学ぶことができ、動機付けとなる。

第２段階は、情報の共有である。マッチングは、基本的に行政やJAなど第三者が行い、ボランティアや受入農家はそのプロセスに関与できない。そのため、受入農家先や農作業の内容など事前に得られる情報が少ない。お互いが情報を共有することで、準備や心構えができ、安心感が醸成される。例えば、受入農家やロールモデルとなるような先輩ボランティアの体験談を聞くこと、意見交換の場なども有効であろう。

第３段階は、援農の体験である。マッチングの成立前に受入予定の農家で何日間か体験し、農家の性格や雰囲気、作業、過ごし方などを理解することで、後々のトラブルを回避することにつながる。練馬区では実施している。

受入農家で重視することについて、ボランティアへのアンケート調査結果を見ると、国分寺市、練馬区ともに「自宅からの距離」に次いで、「農家の人柄や考え方」を重視している。活動は受入農家との人間的な付き合いでもあるため、「自宅からの距離」という物理的な条件とともに、こうした人間関係の条件も満たす必要がある。自宅からの距離と農家の性格という条件を両方満たすこと、それに近づくことが理想的である。

マッチング段階で活動の継続条件が全て揃うわけではないが、いくつかの前提条件をクリアすることは可能である。つまり、マッチング段階で受入農家とボランティアの間で生じるであろう「コミュニケーションギャップ」を少しでも解消し、その後の活動段階におけるフォロー体制の構築につなげていくことが重要になる。

3）活動段階のマネジメント

（1）魅力ある活動

続いて、活動段階についてである。実際の農作業は、ボランティアにとって魅力的な活動になっているのだろうか。

表6-3は、国分寺市、練馬区における農作業の内容である。ボランティアが行う代表的な作業は、「種まき・定植」「除草」「片付け」である。露地野菜の多品目栽培では除草が最も労力を必要とし、種まきも細かな作業で時間が取られてしまう。

農作業は専門性が高く、経営という経済的行為であるが故に、ボランティアによる独自的活動へと展開する可能性は低い。ボランティアは幅広い作業を行っているが、どうしても単純な労働力という補助的な位置付けが強くなってしまう。この点でボランティア側からの不満が生じやすい。

一方で、補助的活動から代替的活動へのステップアップも見られる。「管理作業」「出荷作業」「販売の手伝い」は、ある程度経験を積まないと任せることができない。ボランティアが長年通い、信頼関係が構築できている結果でもある。言い換えれば、経験年数に応じて担える作業も変化してくるとい

表 6-3　農作業の内容

国分寺市（2019 年度、MA、n=71）

内容	n	%
耕うん	5	70.4
種まき	65	91.5
除草	70	98.6
収穫	57	80.3
灌水・消毒・マルチ貼り等々の管理作業	33	46.5
選別・包装などの出荷作業	35	49.3
販売の手伝い	9	12.7
その他	9	12.7
合計	283	462

資料：アグリタウン研究会「令和元年度　東京都内における援農ボランティア実態調査　調査結果報告書」（2020 年 3 月）より筆者作成

練馬区（2020 年度、MA、n=42）

内容	n	%
耕うん（鍬による）	5	11.9
種まき・定植	35	83.3
除草（鎌や手作業）	37	88.1
収穫	29	69
施肥・灌水・消毒・マルチ貼り等の管理作業	20	47.6
選別・包装などの出荷作業	17	40.5
販売の手伝い	10	23.8
畑やハウス等の後片付け	28	66.7
その他	8	19
合計	189	449.9

資料：アグリタウン研究会「令和 2 年度　東京都内等における援農ボランティア実態調査　調査結果報告書」（2021 年 2 月）より筆者作成

うことであろう。ボランティアが受入農家の経営にとって、欠かせない存在になっていることがわかる。

活動が魅力的になるためには、受入農家とボランティアの相互理解が求められる。ボランティア側は、除草や種まきなどが農業経営にとって欠かせない土台をつくる作業であること、特別な作業だけではなく、受入農家の日常を支える活動であることを理解する必要がある。

受入農家側から見ると、ボランティアは労力の補充・補完で、補助的な労働力として位置付けている場合が多い。普段、時間を割かなければならない煩雑な作業をボランティアに任せ、そこから解放されるため、満足度が高くなるのも納得できる。農家はボランティア受け入れの効果を実感しており、今後も期待を寄せている。

ところが、ボランティアの動機を見ると、「健康の維持」「生きがい」「栽培技術の習得」「コミュニティづくり」「都市農業への理解・貢献」など多様な目的を持っている。そのため、単なる労働力と見なされることに不信感を抱いているのも事実である。これは決して、除草などの単純作業を否定しているわけではない。こうした日常的な活動も含めて、魅力ある作業とはどのような内容なのか考えることが重要である。

ボランティア活動が継続できるようにコミュニケーションを取り、配慮する姿勢、さらに、補助的活動から代替的活動、そしてボランティアの意見を取り入れ、主体的な独自的活動への展開、すなわち「指導する農家－従うボランティア」という構図を超えた「経営のパートナー」としてボランティアを位置付ける姿勢が求められる(4)。

このような受入農家とボランティアの相互理解は、前述したマッチング段階でのコミュニケーションの充実化によって効果的に促されるだろう。

(2) 集団性

ボランティア活動の集団性は、活動をつうじて形成される人間関係のことである。ボランティアの動機を見ると、複数のボランティアと一緒に活動できること、すなわち他者との交流やつながりを重視している。

ただし、実際の活動では、この集団的一体感を味わいにくい。事前講習では受講生同士の実習が多く組まれ、交流もでき、共同性を醸成することができる。事前講習の評価が高いのもそのためで、「栽培技術の習得」とともに、「仲間づくり」が高評価の要因になっている。

活動段階では、事前講習と比べて他のボランティアとの交流やつながりが希薄となる。農家による受け入れは、1日あたり1～2名で、同じ日に複数のボランティア同士で活動することは少ない。複数のボランティアを受け入れていたとしても、作業日が重ならない場合が大半である。

あくまで受入農家とボランティアの「個」の関係性であり、ボランティアは基本的に個人での作業がメインである。活動中でも、ボランティア同士がつながることができる仕掛けが必要であろう。

(3) ボランティアのモチベーション維持と向上

ボランティアの自己効用感は、これまで見てきた魅力ある活動や集団性の結果から生まれる。加えて、ボランティアのモチベーションをどう引き出し、都市農業を支え、担う内発的な力に結びつけることができるかである。

ここで注目したいのが、都市農業が発揮する多様な機能についてである。多様な機能の発揮は、都市農業振興基本法における都市農業・農地への再評価の根拠にもなっている。ボランティアの動機で最も多い回答が「都市農業、農地の維持への貢献」で、「栽培技術の習得」「自分の楽しみ」「余暇活動の充実」など自己充足的な動機を上回っていた。

この点がボランティアのモチベーションを維持する糸口になる。なぜなら、受入農家と自治体も同じ思いを持って制度をつくり、活用しているからである。

図6-3は、援農ボランティア制度を担う主体の関係性についてである。行政は都市農業・農地をなぜ守らなければならないのかという公共的な価値を、受入農家は労働力補完による経営の維持だけではなく、自身の経営をどのよ

図6-3　援農ボランティア制度を担う主体の関係性

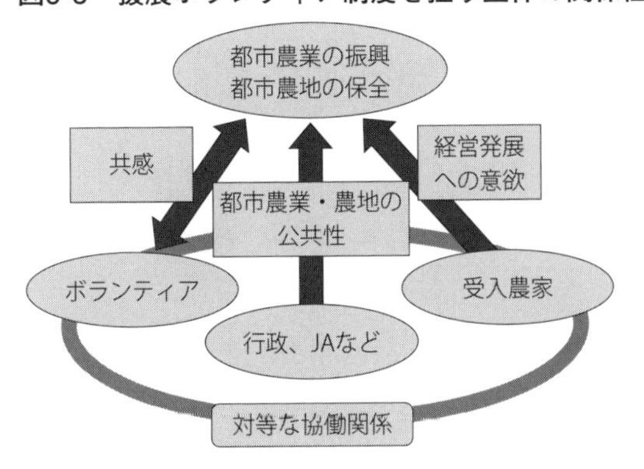

資料：早瀬昇『「参加の力」が創る共生社会：市民の共感・主体性をどう醸成するか』（ミネルヴァ書房、2018年）108ページの図6-2を参考に筆者作成

うに発展させていくのかというこれからの展開方向をボランティアと共有することができれば、そこに共感が生まれ、都市農業の振興および都市農地の保全という共通のビジョンに向かって協働関係を構築することができるのではないだろうか。

ボランティア側から見れば、自分が行った農作業が受入農家の経営を支え、それが都市農業・農地の維持に貢献しているという連続性をどう実感できるかがさらなる共感の深まりにつながると考えられる。

第５節　援農ボランティア制度のこれから

1）プログラムの運用

図6-4は、援農ボランティア制度のフローである。マッチング段階、活動段階ともに行政やJAなど関係主体による組織的なサポートが求められる。

１つ目は、フォロー体制の構築である。とりわけ、活動段階では受入農家とボランティアで農作業の内容や日程などを決め、固定化され、閉じられた関係性のなかで活動が展開する。受入農家は、作業中や受入日以外でもボラ

図6-4　援農ボランティア制度のフロー

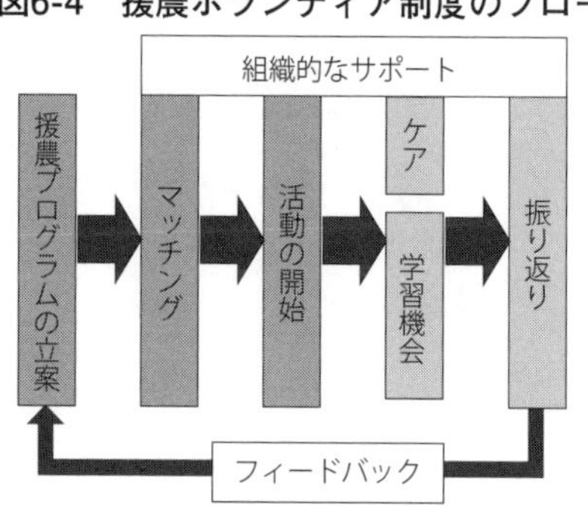

資料：筆者作成

ンティアと積極的に交流しているが、一方で行政やJAからの関与がほとんどない。つまり、受入農家やボランティアと意見交換ないし両者から相談など現場の声をすくい上げる体制を整えていない。マッチング段階で両者のコミュニケーションギャップを埋めたとしても、実際の現場では様々な問題が生じる可能性が高く、活動段階でケアができるような体制が重要になる。

援農ボランティア制度を自治体の事業として、都市農業振興のために展開するのであれば、マッチングだけではなく、活動段階でも関与し、受入農家とボランティアが活動を継続できるフォロー体制の構築が必要ではないだろうか。

例えば、ボランティアが何らかの理由で受入農家の変更を考えた場合、実際に変更し、継続しているパターンは稀で、「継続か、中止か」という限られた選択肢しかない。そのため、毎年新規のボランティアを集めないと制度が運営できない構造的な脆弱性を抱えることになる。

２つ目は、学習機会の提供である。ボランティアへの「リカレント教育」と言い換えることができる。事前講習で一通り栽培方法を学んだとしても、それは基本的な技術だけで、実際に活動を行うと疑問や課題を抱え、技術習得への動機付けが生まれる。練馬区の農の学校は、初級コースを修了後も２年間、ボランティアとして活動しながら受講できる。

さらに、ボランティアに求められる必要な技術や考え方について受入農家の意見も取り入れ、より実践的な活動にしていくことが求められる。この点は、魅力ある活動に反映されていくだろう。

3つ目は、振り返りである。通年の活動を終えた後、振り返りを実施し、課題を改善、翌年度の活動にフィードバックするという流れである。こうしたサイクルを回すことで、制度が更新され、持続的なプログラムになる。この振り返りについては、春夏・秋冬シーズンの半期ごとでもいいだろう。そうすれば、課題の把握も迅速で丁寧なフォローになる。

学習機会の提供や振り返りは、ボランティア同士の経験の共有、交流の機会にもなり、集団的一体感の醸成につながる。

2）援農ボランティア制度のコーディネーター

援農ボランティア制度のマネジメントを考える上で必要とされるのが「コーディネーター」の存在である。コーディネーターは、プログラムの企画から運営、活動のサポートを行い、ボランティアと受入農家の意欲を引き出すなど仕組みづくりを主体的に担う役割といえる。

例えば、国分寺市の担当者へのアンケートでは「農繁期だけの期間限定のボランティア制度を望む声がボランティア側からあるものの、コーディネーターとなる組織がなく、制度の創設に至っていない」という回答があった。

国分寺市の場合は、年1回のマッチングで、その後ほとんど活動には関与せず、ボランティアと受入農家に任せている。受入農家とボランティアが固定化されているため、担当者の負担も少なく済み、運営できている。一方で、担当者の関与がないということがボランティアの不満を生む原因にもなり、一長一短である。

これは国分寺市に限ったことではなく、担当者は様々な仕事を抱える中、現状で手一杯というのが実情であろう。行政やJAに代わり、援農ボランティア制度をコーディネートできる組織がなく、予算を拡充し、人材を育成しない限り困難である。

3）市民参加から市民協働へ

このような課題は、どの自治体でも抱えている。援農ボランティア制度の運営における行政やJAへの負担を解決しながら、制度をコーディネートできるのだろうか。

ひとつは、第三者への委託である。練馬区は地元の企業に運営を委託しているが、これは援農ボランティア制度に関する予算規模が大きいからである。多くの自治体は限られた予算で実施しており、その拡充も難しく、第三者に委託できるケースはほとんどないだろう。

ただし、第三者に委託すれば、全て解決できるのかといえばそうではない。単なる委託は、これまで行政やJAが担ってきた負担を移動しているだけに過ぎず、その第三者が同じように負担を抱え込むことになる。現に、練馬区では農サポーターの増加に伴って負担が増加しており、事務局によるきめ細やかな対応ができない状況になりつつある。

また、運営の委託はボランティアや受入農家からの不信感を生む要因にもなる。なぜなら、都市農業・農地を守るという目的で行政が実施する制度にも関わらず、委託先に丸投げになってしまうと、「行政は何もしていない」と見られてしまう。つまり、第三者に委託したとしても、行政やJAも活動に関わり続ける姿勢がないと現場との信頼関係は生まれず、制度は成り立たない。

もうひとつは、市民協働である。現在の援農ボランティア制度では、ボランティアは受入農家で農作業に参加するだけである。それを一歩先に進め、ボランティアが組織化され、制度の運営にも関与し、行政やJAと協働で仕組みづくりを担うという方向性である。こうした展開はまだ少ないが、東京都日野市や多摩市などで見られる。

日野市は、ボランティアで構成される「NPO法人日野人・援農の会」が行政やJAとともに、事前講習からマッチング、活動、その後のフォローまで主体的に関わり、独自のスキルアップ研修、収穫祭や交流会の実施まで担っている。市と日野人・援農の会担当者へのヒアリングでも、常に意見交換しながら制度を運営し、互いに信頼している姿が見られた。自治体職員は、２～３年で担当が入れ替わるため、運営を担うボランティア組織があることでこれまでの実績を引き継ぐことができる。

NPOは、単なる下請けではない。日野市では、日野人・援農の会が活動するボランティアの目線に立ったアドバイス、経験の共有、ボランティアの性格を把握した上でのマッチングなど効果的な役割を果たしている。制度の運営には、行政、JA、ボランティアの役割分担と協働が重要で、そのためにはボランティア側の人材育成も不可欠である。

注

（１）桜井政成『ボランティアマネジメント：自発的行為の組織化戦略』ミネルヴァ書房、2007年、pp.49-53

（２）例えば、東京都農林水産振興財団では、東京の青空塾で認定された援農ボランティアのうち、累計５年以上活動を継続したボランティアを「長期援農ボランティア」として表彰している。

（３）同上、pp.112-117

（４）東京都ではないが、今回の調査でヒアリングを実施した神奈川県横浜市都筑区の「都筑農業ボランティアの会」は、直売所の運営や新規作物の導入と管理も担い、ボランティアが受入農家と一緒になって経営を展開する独自的活動への発展が見られた。小口広太「神奈川県横浜市都筑区における援農ボランティア活動の展開」アグリタウン研究会「令和２年度 東京都内等における援農ボランティア実態調査 調査結果報告書」2021年、pp.135-140

第7章

援農活動におけるボランティアの特徴

第1節　援農ボランティアの特徴

1）ボランティアの理念

ボランティアの理念について中央社会福祉審議会地域福祉専門分科会（意見具申　1993年7月）(1) は「一般的には、自発的な意志に基づき他人や社会に貢献すること」と述べ、その基本的性格を「自発性（自由意志性）」「無給性（無償性）」「公益性（公共性）」「創造性（先駆性）」と整理している。

言うまでもなく多様な見解がある。例えば柴田謙治はボランティアを「動機」（自ら進んで：自発性・主体性など)、「目的」（お金のためでなく相手や世の中のために：無給性・無償性・非営利性、公益性・公共性・社会性・連帯性など)、「役割」（国や地方自治体が取り組んでいないことに挑戦する：先駆性・開拓性・創造性など）(2) と要約している。また中嶋充洋は①基本的な姿勢の視点：自発性・主体性・無償性、②目的の視点：公共性・利他性・福祉性・社会性、③活動を進める視点：連帯性・継続性、④機能の視点：先駆性・開拓性、の4つで整理 (3) している。

以上のように論者による整理や表現に違いはあるが上記中央福祉審議会(1993)の整理はボランティアの基本的理念の一般的な理解としてよいだろう。

それらに加え川村匡由は、従来の福祉サービスだけでなく健常者を対象とした健康の増進、老後の生きがいや生涯学習、また国際社会における様々な課題に取り組むNGO等の活動を意味する「福祉性」を5つ目にあげている (4)。先の柴田は新崎国広が理念の一つとしている「自己成長性」もボランティアの「成果」に関わる重要なキーワードであると指摘している (5)。

前林清和は1990年IAVE（ボランティア活動推進国際協議会）総会の世界ボランティア宣言、1991年版『厚生白書』のボランティアの定義なども取り上げ、理念・定義は様々であり確定されたものはないし一つに確定する必要もないとし、多様な見解にほぼ共通する上位概念とそれ以外の下位概念という整理を行っている。前者には自発性（主体性）、利他性、公共性、後者には無償性、創造性（先駆性）、責任性、継続性を挙げている。ボランティアの無償性について、食費や交通費、材料費など必要経費の受け手の負担は無償の理念の範囲内であると述べている[(6)]。

2）ボランティアの動機や理念、活動領域の変化

ボランティアは限られた裕福な人々が恵まれない人たちに対して行う慈善事業として始まった。しかし福祉国家が資本主義諸国の理念となり社会保障制度が整えられるに従ってボランティアも変化してきた。

先の「中央社会福祉審議会（意見具申）」(1993) は、ボランティアの基本的性格に変化はないが、活動の動機や機能は大きく変化したとし、「慈善や奉仕の心にとどまらず、より広がりを持った地域社会への参加や自己実現、さまざまなことをお互いに学び経験し、助け合いたいという共生や互酬性に基づく動機に変化」し、「多くの人々が共感を持ち参加しうる」活動になってきたと述べている。

また「この様な活動が、助け合いの精神に基づき、受け手と担い手との対等な関係を保ちながら謝意や経費を認め合うことは、ボランティアの本来の性格からはずれるものではない」と述べ、「このことは、経済的ゆとりのある人だけでなく活動意欲のある人は誰でも広く公平に参加する機会が得られるためにも必要である」と、いわゆる「有償ボランティア」と言われているものの積極面を評価している。無償性・無給性はボランティアの柱となる理念の一つであるが、交通費や食費、材料費など実費の支払い・受取りは無償の範囲と理解されるようになってきたのである。むしろその範囲の「有償」はボランティアの裾野を広げ組織化・事業化にも役立ち、活動の継続性を強

めるものと積極的に理解されるようにもなってきている[7]。

NPO法人の活動分野も拡大してきた。特定非営利活動促進法（NPO法）で規定されたNPO法人の活動分野は、当初（1998年）12であったが、「情報化社会の発展を図る活動」「経済活動の活性化を図る活動」「農山漁村又は中山間地域の振興を図る活動」などの分野が加えられ、2003年に17、2012年には20に拡大している[8]。

3）援農ボランティア

農業には農繁期がありその時には親戚間あるいは地域の農家間で労働力を融通し合う「ゆい」とか「手間替え」等と呼ばれる仕組みがあった。この農家間での互助の仕組みは兼業化の進展による農業労働力の減少、機械化や用排水施設の整備などによって戦後壊れていった。

農業労働力の不足が進む中でそれとは異なり、現在につながる市民による農家への労働支援（援農ボランティア、農業ボランティア等と言われる）が第１章で触れたように、はじめは有機農産物のような手のかかる農産物を望む消費者が生産者と結びついたところから始まったと思われる。手がかかるため、また労働力を雇って生産すれば高くなるコストを低く抑えるための労働力の提供である。安心な有機農産物を食べたいという消費者が、自らの希望を実現するために援農ボランティアとして農業経営を支えたのである。現在でもCSA（Community Supported Agriculture）の経営等で見られる[9]。しかしこのような性格の援農ボランティアが広がって現在の東京の援農ボランティアが形成されてきたわけではない。

高地価と多様な就業先がある都市環境の下で農業経営を継続することは簡単ではない。援農ボランティアが都市農業に広がっていくのは、新鮮で安全・安心な農産物を求める都市住民の要求に応え都市農業を継続していくために、多品目化、直売、施設化等が一つの方向になってきたにもかかわらずそれを支える家族労働力が高齢化や後継者の不足で弱体化してきたからである。他方で都市農地・都市農業が農産物の供給だけでなく都市環境（気候、住環境）、防災・減災、自然との触れ合いなど、市民の生活を支える多様な役割を果たしていることに対する市民の理解も広がり深まってきたからである。

経済活動を行っている経営の労働力不足は、自らの経営努力によって解決するべきものであるという意見は一つの考えである。頑張っていた都市農業の先進農家の「ボランティアによって支えられる農業は恥ずかしい」という言葉を思い出すが、一つの見解として理解できる。経営努力はもちろん必要だが、農業者の高齢化、後継者不足は都市農業だけでなく日本農業に共通し、農業の縮小化が進んでいる。欧米の規模の大きな家族農業経営も国やEUなどの公的支援によって支えられている。つまり農業経営の困難は現代資本主義の構造的問題であり農家の経営努力だけではいかんともしがたい部分が大きいのである。国の農業施策、消費者の支援等が不可欠であり、必要なのはその基盤の上での経営努力である。

都のボランティア事業展開の契機となった前述の都農林水産部報告書は、1996年３月に公表されている。福祉部門を中心に展開してきたボランティアは先に触れたように変化し広い分野で展開するようになった。さらに1995年１月の阪神・淡路大震災を契機にしたボランティア活動は、「ボランティア元年」と呼ばれるように人々のボランティアの認識を変化させた。報告書の背景にはこのような時代状況もあった。

前述の報告書はアンケート調査結果などを基に、「援農とは」「身近な都市地域の農業が、食料をはじめとする数々の恵みを都市住民にもたらすことを理解し、都市に農業が存在することを願う、農業が好きな人々が」、「余暇や休暇を利用して」「農業の体験や農家との交流を求めて、新鮮で安全な農産物を求めて、みどり豊かな環境の中で健康増進を図るために」、「近くの農家の畑や施設におもむき」、「自発的に農作業を行う奉仕活動であってパートタイマーやアルバイト等の労働の対価を求めるものとは一線を画す」とまとめている。

ここで定義された援農ボランティア活動は、新鮮で安全な農産物等様々な恵を供給する都市農業の存続を願う住民が余暇や休暇を利用して、健康増進、農作業体験、ボランティア同士また農家との交流を求めて自発的に行う無償の農作業である。「健康増進」「農作業体験」などはボランティア活動によってもたらされる個人的な利益である。「人との交流」も個人的利益であるが地域の人間関係、地域コミュニティの形成につながる社会性を持つ。「都市農業の存続を願っての農作業支援」は直接には農家に対する利他的行為であるが、その行為を通して社会性・先駆性等公共的な性格を持つ。

ただしこの時点での都の市民に対するアンケート調査の参加動機の設問では、「高齢化で担い手不足の農家を助けたい」の男女計の選択数は回答数合計（複数回答計）の4.8%と少なく、「新鮮で安全な農産物をつくる農作業を手伝いたい」「農業や・土いじりが好き」「自然に親しみたい」「健康のため」という個人的利益を目的とした参加意向が多かった。今回の私たちが行ったアンケート調査結果では農家の支援を通して農地・農業の維持に少しでも貢献したいという社会的役割の意識が参加目的でも参加した結果の評価でも高い(10)。都市農地・農業が都市にとって貴重なものであるとの認識の広がりがボランティアの拡大を支えているのだろう。

議論になる「無報酬」に関するボランティアの意見は次のようにまとめられている。「無報酬でも良いが収穫物のおこぼれが欲しい」、「多少の謝礼は必要ではないか」、「少しでも報酬のある方が参加の励みと楽しみになるのでは」、「無報酬が原則だが、農業も経済行為だし重労働なので、有償でないと長続きしないと思う」、「みんなの為でなく、個人の仕事で無報酬とは納得がいかない」、というボランティアの意見が書かれている。上記の下線部は他の分野のボランティアとは違う農業ボランティアの特徴に関わる意見である。受入意向農家の意見は、「報酬については最初にはっきりと決めておくべき」、「報酬はあった方が良い。作業に対する責任が薄くなる。農家側が依頼するのに遠慮してしまう」、「無報酬で作業してもらうのは心苦しく、またあまり能率も望めないと思うが、農業を理解して欲しいので受入を希望する。能率の上がる人には報酬を払う気持ちがある」、「原則として無報酬で設定しているが、遊び半分では農業側は困る。ある程度日当を払う形態で確立した仕事ができるシステムを希望」、などが書かれている。

これらを踏まえこの時点では、農家がお礼の気持ちで農産物をボランティアに渡すことは自然である、またボランティアも援農が幾度となく続けばこれを期待することになるのも極めて自然、分け与えられる場合の農産物は労働の対価と見るには極めて少量であり、無償のボランティア活動と十分にみなすことができる範囲内であるが、これが恒常化し農家の義務、ボランティアの権利となることは避けなければならないとまとめられている。

アンケート調査が行われた1995年の時点でも、ボランティア希望者と受入農家の双方から報酬が必要であるという意見が出されていることがわかる。しかし農業振興施策として行政が仲介するボランティア活動では、農産物を渡すという範囲を超えて謝礼金ということにはならず、この形態のボランティア活動が行政の取組みとして広がっていった。

援農ボランティアはこれまで見てきたように都市に多様な効用をもたらす農地・農業を維持するという公益性・公共性を持つ取り組みであるが私的経済活動である農業経営に対するボランティア活動であるという点で他のボランティア活動と異なる特徴がある。そのことが援農ボランティア活動についていろいろの意見が聞かれる要因となっている。

第2節　援農ボランティア活動の実態

1）援農ボランティアの現状

(1) 援農ボランティアの年齢構成

援農ボランティアの年齢構成について今回調査を実施した足立区・国分寺市・練馬区・立川市とNPO法人「すずしろ」、「たがやす」について見ておきたい。**表7-1**はアンケート調査、「たがやす」については法人資料[(11)]によるボランティアの年齢構成である。70歳以上の高齢者（男女計）の割合は4自治体では順に45.9%、43.6%、20.5%、53.0%、NPO法人は「すずしろ」が39.4%、「たがやす」が47.8%である。ボランティアの高齢化が課題だとよく

表7-1　援農ボランティア年齢別構成比

	2019年		2020年					
	足立区	国分寺市	練馬区	立川市	すずしろ	たがやす		
	男女計	男女計	男女計	男女計	男女計	男女計	男	女
40代以下	16.7	6.8	9.1	14.7	13.6	8.7	2.3	19.2
50代	6.3	15.1	34.1	17.6	19.7	11.6	14	7.7
60代	31.2	24.7	36.4	14.7	27.3	31.9	32.6	30.8
70代	39.6	42.5	20.5	45.6	31.8	42	41.9	42.3
80代	6.3	11	0	7.4	7.6	5.8	9.3	
合計	100	100	100	100	100	100	100	100
人数	48	73	44	68	66	69	43	26

資料：2019年、2020年に実施したアンケート調査結果による「たがやす」は「NPO法人たがやす」の資料を集計・加工

聞く。背景の一つとして、年金支給開始年齢の引き上げや家計状況の厳しさによるパート就業などの高齢者での増加があるだろう。今回の調査では高齢者の割合は立川と「たがやす」で高く、練馬と「すずしろ」、特に練馬で低い[12]。「たがやす」について男女別で見ると70歳以上の高齢者の割合は男性で高く（男性51.2％、女性42.3％）、49歳以下の割合は女性で高い（同2.3％と19.2％）。

気候温暖化によって厳しさを増す夏の暑さも日中の援農時間を短縮するなど高齢者中心のボランティア活動に影響をおよぼしている。新たに参加しようとする動きにブレーキとなっていることも考えられる。

(2) 援農活動への参加状況

自治体はボランティアと受入農家のマッチングには関わるがその後の活動は両者に任される事例が多くボランティアと受入農家が援農活動の記録を個別に付けていても自治体がそれらを全体としてまとめている事例は極めてまれと思われる。またアンケート調査の回答は、必ずしも年間を通して定期的に行われているのではないボランティア活動の実態をつかむには正確さに欠ける。そのためボランティアの援農活動への参加状況を全体として把握するのは難しい。可能なのは謝礼金の仲介のために組織が実態を把握しているいわゆる「有償」ボランティア制度の活動についてである。第４章でNPO法

人「たがやす」の事例について紹介したのでここでは簡単に要約しておきたい。

先の**表4-4**からは、平均の数字であるが、①男性ボランティア１人当たり年間援農時間は女性に比べて長く、男性の援農活動時間の比重は人数の比重以上に大きい、②援農活動が70歳以上のボランティアによって支えられている、③しかし59歳以下の現役世代も全体の援農作業時間の約四分の一を担っている、特に女性の場合はこの比重が高い(13)、ことがわかる。

表4-6からは次のように定期的に参加するボランティアと不定期に参加するボランティアがいることがわかる。①400時間以上参加するボランティアは、週当たりの活動日数、１日当たりの活動時間に、1,000時間以上、700～1,000時間、400～700時間参加者の間で差はあるが年間を通して週に何日かは定期的に参加するボランティアである。これら合計14人のボランティア（ボランティアの20.3％）で全援農時間の70％を担っている。中心的なボランティアである。②100～200、200～400時間未満のボランティアは参加月数が減る。しかし参加する月について平均すると１日４～５時間で週当たり１～２日のボランティア参加である。以上①と②は参加月数、参加日数、参加時間に差がありながらも定期的に参加したボランティアであり、人数で全体の42％、全援農時間の92％を占めている。③100時間未満のボランティアは定期的に援農活動に参加している人ではないと推測できる。人数的には58％を占めている。

２）援農ボランティアの動機と満足度

ボランティアはどのような動機で援農活動を始めたのか。**表7-2**は「たがやす」のボランティアに対するアンケート調査結果である。男女計で見ると第１位の選択では「（ア）土に触れたり植物に触れたりする楽しみのため」、次いで「（ク）農家を支援し農地や農業の維持に少しでも貢献したいから」の選択率が高い。「（ウ）健康のため」も３番目に多く、ボランティア自身にとっての楽しみや健康などの自益を目的としてボランティア活動を始めたこ

表7-2　援農ボランティアになった動機

	男女計			
	理由の第1位		1～3位の合計	
	回答人数	回答率	回答人数	回答率
（ア）土に触れたり植物に触れたりする楽しみのため	19	36.5	40	61.5
（イ）定年後の時間的余裕があるため	4	7.7	25	38.5
（ウ）健康のため	8	15.4	34	52.3
（エ）農作物の栽培方法を学ぶため	5	9.6	20	30.8
（オ）就農を希望しているため	0	0.0	3	4.6
（カ）農業の現状や農家の文化等を知りたいから	0	0.0	15	23.1
（キ）ボランティアや農家と交流したいから	1	1.9	15	23.1
（ク）農家を支援し農地や農業の維持に少しでも貢献したいから	11	21.2	31	47.7
（ケ）その他	4	7.7	8	12.3
実回答人数	52	100.0	65	100.0

資料：「NPO法人たがやす」のボランティアに対するアンケート調査結果
注：2020年12月実施。77人を対象に実施。65人が回答。

とがわかる。同時に上記（ク）を選択した人も多く、自らの楽しみだけではなく都市農業の大切さを理解しその保全に役に立ちたいという社会的貢献を動機とした人も少なくないことがわかる。表は示さないが第1位の理由・動機として（ク）の「農家を支援し農地や農業の維持に少しでも貢献したいから」を選択したボランティアの割合は、「すずしろ」で29.1％、練馬区のねりま農サポーターで39.4％と高い。

参加した援農ボランティアの満足度はどうであろうか。**表7-3**がその結果である。どの年齢層のボランティアも「非常に満足」と「満足」の合計が7割を超えている。特に70代以上のボランティアでは8割を超える。満足という答えが多いのは今回アンケート調査した他の事例でも共通する。また満足・不満足のどちらでもないという人は男性に多い（男性23.5％、女性15.4％）。「不満足」は女性に1人いる。今回実施したアンケート調査では他の5事例でも男女計の「非常に満足」と「満足」の合計は、最も低かった練馬でも78％（国分寺80％、足立、「すずしろ」85％、立川が94％）で、全体として高いことがわかる。

どのような満足を得ているのだろうか。**表7-4**は援農ボランティア活動に参加して良かったことを集計したものである。「（ア）土や植物に触れる楽し

表7-3　満足度別ボランティアの構成割合

	男女計				男	女
	合計	70代以上	60代	50代以下	計	計
非常に満足	20.0	20.8	8.7	38.5	17.6	23.1
満足	58.3	62.5	65.2	38.5	58.8	57.7
小計	78.3	83.3	73.9	76.9	76.5	80.8
どちらでもない	20.0	16.7	26.1	15.4	23.5	15.4
不満足	1.7	0	0	7.7	0	3.8
非常に不満足	0	0	0	0	0	0
設問回答者人数（=100.0）	60	24	23	13	34	26

資料：「NPO法人たがやす」のボランティアに対するアンケート調査結果

表7-4　援農ボランティアに参加して良かったこと回答別割合（複数回答）

	男女計				男	女
	合計	70代以上	60代	50代以下	計	計
（ア）土や植物に触れる楽しみ	72.6	76.0	62.5	84.6	63.9	84.6
（イ）農作物の成長過程や栽培方法を学べる	61.3	60.0	50.0	84.6	66.7	53.8
（ウ）健康に良い	67.7	76.0	62.5	61.5	66.7	69.2
（エ）戸外に出ることが増えた	35.5	44.0	25.0	38.5	33.3	38.5
（オ）生活にメリハリができた	58.1	60.0	62.5	46.2	52.8	65.4
（カ）農業の現状や農家・農業に関する文化等を知ることができる	51.6	48.0	41.7	76.9	61.1	38.5
（キ）ボランティアや農家との交流の楽しさ	43.5	48.0	20.8	76.9	33.3	57.7
（ク）農家を支援し農地や農業の維持に少しでも貢献できる	67.7	72.0	70.8	61.5	66.7	69.2
（ケ）その他	6.5	12.0	0.0	7.7	8.3	3.8
回答人数(=100%)	62	25	24	13	36	26

資料：「NPO法人たがやす」のボランティアに対するアンケート調査結果

み」が最も多く次いで「（ウ）健康に良い」「（ク）農家を支援し農地や農業の維持に少しでも貢献できる」「（イ）農作物の成長過程や栽培方法を学べる」が多い。50代以下では他の年齢層に比べ「（カ）農業の現状や農家・農業に関する文化を知ることができる」「（キ）ボランティアや農家との交流の楽しさ」の選択が多い。逆に（ク）は60代、とりわけ70代以上のボランティアの選択が多い。男女別では女性は（ア）の選択が多いなどの違いが見られる。

しかし本当に不満と考えるボランティアは活動を止めるだろうから満足という答えが多くなるのは当然かもしれない。検討するとすれば「不満足」あるいは満足・不満足の「どちらでもない」と答えたボランティアの理由であろう。「たがやす」のアンケートでは「不満足」と答えたボランティアが1人、「どちらでもない」と答えたボランティアが12人（合計13人、20％強）であった。

アンケートでは「非常に不満足」と「不満足」の理由は聞いているが「どちらでもない」の理由は聞いていない。その理由に関係するだろうと思われる他の設問に対する記述を見ておこう。まず４人いる2019年のボランティア参加時間が約50時間以上の人についてである。Aさん（60代歳男性、７年前頃登録、2019年ボランティア参加500時間弱）は今のボランティア制度では恒常的に援農を行う人材の確保はできない、恒常的に労働支援のできる賃金労働者の確保が可能な制度が必要、しかし農家は一般的な水準の賃金を払えないから国やJAも関わってと、現在のボランティア制度のあり方を問題としている。Bさん（70代男性、３年前頃登録、90時間弱）は謝礼金がやや少ない、また作業によっては非常に少ないという謝礼金のことと作業内容についてボランティアから希望が出せず、農家の情報もないと書いている。Cさん（60代男性、２年前頃登録、50時間弱）は同じく作業について農家がどのような作業を希望しているか明確にしボランティアが希望する作業ができるようにしても良いのではないかと書いている。作業は除草、後片付けが中心で希望する作業ではなかったと書いているのでこれが背景にあっての意見であろう。他の一人は手掛かりになる意見はない。ただし４人とも今後も活動は継続すると答えている。

また援農参加時間が少ない人で「どちらでもない」と答えた人にはAさんと同じように現在の援農ボランティア制度では活動の継続に限界がある､「たがやす」が核となり借地し農業者・市民・行政によってビジネス化を目指すべきではないかと書いた人や援農ボランティアが安価（無料）のアルバイト、ゆえにいい加減と思われかねないとボランティアというあり方に疑問を感じている人もいる。とはいえ12人のうち７人は今後も援農ボランティア「活動をする」と答えている[14]。

第３節　援農におけるボランティア

1）「有償」援農ボランティア

(1) 有償ボランティア

堀田力は日本の有償ボランティアは1960年代に生まれ70年代にいくつかのモデルが確立し、90年代に数千の団体に広がったと書いている[(15)]。1980年代、高齢者等に対する在宅福祉サービス分野での、会員制の支え合い活動（「住民参加型住宅福祉サービス」）が、有償ボランティアの注目される形態として生まれ、展開していった。有償ボランティアはボランティアの理念である無償性に反するとの批判を受けながらも発展・定着し、NPO法人内部の活動形態としても広がりを見せたという[(16)]。さらに「有償ボランティア」を特徴づける概念として「互酬性」が打ち出され、その理論を基盤として1990年代は「有償ボランティア」が広がった[(17)]。

そして有償ボランティアへの交通費等費用の実費の支払い、サービス受給者のボランティアに対するお礼の気持ちとしての謝礼金は、無償性の原理を犯すものではないと理解され、ボランティア活動の多様化として受け入れられるようになってきたのである。中央社会福祉審議会地域福祉専門分科会「ボランティア活動の中長期的な振興方策について（意見具申）」（1993年）は、有償ボランティアは「ボランティアの本来的な性格から離れるものではない」としている。また『平成12年版国民生活白書』（経済企画庁　2000）も有償ボランティアは多様なボランティア活動を生み出すものと評価している。このようにして有償ボランティアは社会的に認知されるようになってきた。

しかしボランティアであるとしても法制度との関連等からボランティアであるか労働であるか、それを仕分ける基準は何か等検討しなければならない問題は残されている[(18)]。本稿の目的からするとそこまで立ち入る必要はないので有償ボランティアがボランティアの範疇に入るものであるという認識が、それを否定する見解はあるが、社会的には認められてきていることを確認するに止めたい。

(2)「有償」援農ボランティアについての評価

援農ボランティア活動は直接には私的な経済活動を行っている農業経営を支援するという点で他のボランティア活動とは異なる性格を持っている。また都市にとって多様な機能の発揮が期待されているにも関わらず縮小・後退に歯止めがかからない農地・農業の支援施策の一つとして行政が主体となってJA等の協力も得て、ボランティアの養成、募集や受入農家とのマッチング等の実務を担って広がってきた点にも特徴がある。

ボランティアは農業経営の支援活動を通して、土や植物に触れる楽しみや健康にとって良い等の私益と同時に、地域にとって大切な都市農地・農業の維持という共益・公益の実現に寄与しているというやりがいを感じている。また都市農業の現状や農業や農家の文化などを学ぶこと、農家や他のボランティアとの交流や直売所の仕事を通して地域の人と触れ合うなども地域づくりにつながる可能性も持っている。

受入農家にも、無償で生業である農業を支援してもらうことにためらいを感じている人は多く、野菜をお土産に持って行ってもらうことは広く行われている[19]。筆者が調査した行政によって広がる前の早い時期のボランティアの事例では毎日来るボランティアには野菜の他にお礼の気持ちとして盆暮に謝礼金を渡し、また昼食を出していた事例もあった[20]。

ボランティア活動としての農作業であるということは労働契約に基づくものではないのでボランティアの事情や意向が優先される。ボランティア活動の回数や時間は双方の納得によってきめられるが、作業のノルマはない。事情があれば事前の連絡によって約束してあった農作業をキャンセルできる。生物を対象とする農業であるから天候、作物の適期、出荷・販売との関係でここまでにこの作業を終えたいという農家の意向はあるが、それは命令・被命令関係ではなくお互いの良好な関係にもとづいて実現されなければならない。そのような関係は活動の継続の中で徐々に形成されてくるものであろう。

良好な関係が形成されるためには双方の気配り・配慮が大事である。仕事に関して「ボランティアだから」と思われるとしたら心外だ、ボランティアでも仕事は一生懸命やっているというアンケートへの記入も、少なからず目にするしそのような声も聞かれる。受入農家も感謝の気持ちを伝えたり、作業を頼むだけでなく農業に関するボランティアの質問にできるだけ答えるようにしたりしている。まれな例だと思うが自分で野菜を作りたいボランティアに区画を区切って自分用の作物を作らせている農家もいた。5章の受入農家もボランティア用の体験圃場を用意している。野菜がない花卉農家にボランティアのリーダー役も兼ねて手伝いに来ている親戚の人がお土産用に野菜を作りボランティアに持たせている足立区の農家の事例もあった。また5章の受入農家は援農者が興味を持つ品目、例えばハーブ、について他の農業経営の見学、茶摘みと製茶の体験、畑でのキャンプ体験の実施などがお茶の時間の会話をきっかけに行われたと述べている。

自治体等が取り組む援農ボランティア活動では無償、お土産の野菜は可能であるときには持って行ってもらう、という形態が一般的である。ボランティアの理念である無償が原則であることを前提とし、かつ自治体が仲介して行われる人材の斡旋に金銭のやり取り（その金額も農家支援のために最低賃金よりはるかに少ない金額であっても）を伴う形態は法制度的上不可能だという事情もあったからだと思われる。

しかし先に簡単に触れたように福祉の分野を中心に「有償」ボランティアが見られるようになり、その実態は無償というボランティアの理念の範囲内であるという認識も一般化してきた。援農ボランティアにおいても、NPO法人が共に同じ会員である市民と農家の助け合い活動として援農ボランティア活動を組織し、賃金ではなく謝礼として金銭のやり取りを行う形態が見られる。そのお金の一部はNPO法人の運営費に充てられる。

今回調査した二つの事例、「すずしろ」と「たがやす」では金銭のやり取りを伴ういわゆる「有償ボランティア」の取組みが行われていた。「すずしろ」では、農家は1時間当たり540円支払い、NPO法人が事務費等として40円、

表7-5　有償ボランティア制度についての評価

①有償制度は必要か

	受入農家		ボランティア	
	戸数	構成比	人数	割合
必要	19	100.0	59	90.8
不必要	0	0	3	4.6
無回答	0	0	3	4.6
計	19	100.0	65	100.0

②謝礼金の額について

	受入農家			ボランティア		
	戸数	割合		人数	割合	
非常に高い	0	0	5.3	0	0	3.1
やや高い	1	5.3		2	3.1	
妥当	10	52.6	52.6	22	33.8	33.8
やや安い	3	15.8	26.3	25.5	39.2	52.3
非常に安い	2	10.5		8.5	13.1	
無回答	3	15.8	15.8	7	10.8	10.8
計	19	100		65	100	

資料：「NPO 法人たがやす」に対するアンケート調査結果
注：謝礼金の額についてのボランティアの回答で 2 つ選択されているものがあったのでそれぞれ 0.5 としてカウントしてある。

ボランティアが500円受け取る。「たがやす」では謝礼金は530円、事務経費はそれぞれ60円負担する。したがって受入農家は590円NPOに払い、ボランティアはNPOから470円受け取る。

この「有償ボランティア」についてボランティアと農家はどのように評価しているか、**表7-5**を見てみよう。

全ての受入農家が「有償制度」は必要と答えている。その理由として書かれていたものを整理すると以下の４点にまとめられる。

①指示通り働くのだから謝礼は当然（労働の対価として必要。ボランティアからの支援に対して受入農家からの支援は必要）。②無償では人が集まらない。NPO法人存続のため仕方がない。③無償では仕事を頼みづらい。④ボランティアも仕事に活力が出る。

ボランティアも回答者65人中59人（91％）は「必要」、３人のみ「必要でない」と答えている。その理由は、①金額が少なく中途半端なので、②野菜など頂くのでそれでよい、と書いている。無回答者は、①何とも言えない、②どちらでもよい、有り難いがまだ指導を受けている段階なので謝礼をいただくのは恐縮、という意見であった。

謝礼金は「必要」と答えたボランティアの意見をまとめると以下の通りである。

ボランティアにとっては、①労働の対価（ただし完全に労働ととらえそれの対価を要求する考えは極めて少ないが、ボランティア活動であっても労働としての性格を持つとする捉え方は多数である)。また「営農はボランティアに頼っていては持続できない。ボランティアでなく、賃金労働に相当する収入によって恒常的に労働支援ができる人員確保の制度が必要」との意見もあった。②やりがい、楽しみにつながる。③仕事に対する責任や義務、それが相互の緊張感をもたらす。④ボランティア活動への参加に必要な経費。内容としては、ア）交通費、イ）作業に必要な消耗品（手袋・作業着・作業靴等々。剪定鋏や剪定鎌という記述もあった)、ウ）「仕事の帰りにコーヒーくらい飲める額」、エ）「ボランティアと言っても、かなり高度なレベルの能力を求められるのが現実。その技術習得のため投資している」などの記述があった。⑤受入農家にとっても、仕事に対する指示が出しやすくなるのではないか。これらの結果、相互に責任感のある関係が作られボランティア制度の継続性が強化される。アンケートから、ボランティアの認識は以上のようにまとめられる。

ただし労働としての捉え方は、自分の体力や技術などをどのように認識しそれとの関係でボランティア作業をどのように評価するか、あるいは受け入れ先農家との人間関係などが係わってくることが推測される。「農家の指示によって作業を実施し続けるためには、農家の負担にならない範囲での謝礼金は必要。寒いとき、真夏の酷暑の中でも、責任ある作業を明確にしていくため。」、「真夏の炎天下での２・３時間の除草作業のみ一人でやっている時など痛切に感じた。安価すぎる。ある農家は従業者一人と考えて指示する。貢献大であると認識している。」、「安価（無料）のアルバイトのように思われるのは本意ではない。」、「無料だからいい加減だといわれるのは本意ではない。」、「ボランティアでは甘えがでる。適切な謝礼金によって農家との間で緊張感が生まれると思う。しかし、年齢による体力の違い、経験の差もあるので、金額を決めるのは難しいと思う。」、「どちらでもよい。まだ指導をいただきながら行っているので、謝礼をいただくのも恐縮」「野菜など頂くのでそれでよい」。

また「ずっと同じ農家をお手伝いしていると作業効率は上がるかもしれないが、従業員並みに働きを求められる。別のパートをやっているせいか、割に合わないと感じることも多々ある。」という意見もあった。

現在の謝礼金の額については、受入農家は妥当とする人を中心として高いとする方に、ボランティアは妥当を中心として安いとする方に少し寄って分布している。

現在の謝礼金の額についてはボランティアでは「やや安い」が39.2％（男43.4％、女33.3％）で最も多く、「妥当」の33.8％（男36.8％、、女性29.6％）を超える。また「非常に安い」を合わせると安いと考える人は52％（男性55％、女性48％）となる。逆に「非常に高い」と答えた人はいないが、「やや高い」と男女各１名が答えている。その男性は現在の金額を「お願いベースで、強制されている印象はないので良い」、女性は「特に不満はない」と書いている。

謝礼金の評価とボランティア活動の参加度合いとの関係を**表7-6**で見ると、A（2019年200時間以上参加）のボランティアはB（100 ～ 200時間参加）、C（100時間未満参加）に比べて「適切」が少なく「非常に少ない」が多い。200時間以上は１日４時間作業すると50日以上、７時間作業すると29日以上である。１年52週で計算すると４時間の場合は毎週１回以上、７時間の場合は２週間に１回となる。ボランティア参加時間の長い人ほど謝礼金の額を少ないと感じているようである。ボランティア活動と納得していても参加時間が長くなると労働の意識も出てくるということかもしれない。

表7-6　男女別・年齢別・援農時間別、ボランティアの謝礼金についての意見

	男女計					男	女
	合計	2019年援農時間別				計	計
		計	A	B	C		
ボランティア人数	65	64	17	11	36	38	27
構成比	100	100	100	100	100	100	100
謝礼金は必要か							
必要	87.7	87.5	100	90.9	80.6	94.7	77.8
不必要	4.6	4.7	0	0	0	2.6	7.4
無回答	7.7	7.8	0	0	0	2.6	14.8
謝礼金の額							
非常に高い	0	0	0	0	0	0	0
やや高い	3.1	3.1	0	9.1	2.8	2.6	3.7
適切	33.8	34.4	29.4	36.4	36.1	36.8	29.6
やや少ない	39.2	39.8	41.2	45.5	37.5	43.4	33.3
非常に少ない	13.1	11.7	23.5	9.1	6.9	11.8	14.8
無回答	10.8	10.9	5.9	0	16.7	5.3	18.5

資料：「NPO法人たがやす」のボランティアに対するアンケート調査結果及び「たがやす」の資料で作成

注：1）70代男性の1人は援農時間が分からないので援農時間別では集計していない。したがって男女合計の数字は1人少ない。

2）2019年の援農時間。A：200時間以上　B：100〜200時間　C：100時間未満

2）援農におけるボランティアとは

農業における有償ボランティアに関する問題は援農におけるボランティア活動をどう考えるのかといことにつながる。

なぜボランティア事業として援農が行われているのか、援農を始めたボランティアの人たちの理由からは以下のように推察される。時間的に余裕ができたことが前提である。その余暇の活用として戸外で野菜を育てるという自然に触れながらの活動が、健康にも良いとして選択されている。また援農活動は農家やボランティア仲間との交流もある。同時に減少する都市の農地、農業を維持したいという気持ちもある。農地、農業の減少は食や生活のあり方、環境の質を劣化させていると感じているからだろう。その減少は農業が採算に合わないからだという認識も少なからず持っている。

実際に援農ボランティアとなって援農に加わると、アンケート調査の結果

では概ね多くの人は始めた理由に対応した満足感を得ている。農業とはお金にならない大変な仕事だということを援農ボランティアになって以前よりも強く認識する人もいる。また農家の人がボランティアに対して役に立っていると感謝の気持ちを持っていることにも励まされている。感謝の言葉だけでなく、先に触れたような農家による様々な配慮によってもボランティア活動であることを認識している。

この良い関係が続いていくとボランティアと受入農家の関係は農作業の指示者と指示に従って農作業をするという一方通行の関係から、一緒に協力し合う協働者の関係に少しずつ変化していくようだ。直売所を任される、任された直売所を望ましいあり方にいろいろ考え工夫する等主体的な取り組みになっていった事例は4章でふれた。

他方で経済状況の悪化の中で労働の対価が必要と感じる人も増えてきていると思われる。対価を主たる目的に農作業をしなければならない人たちには、その道も準備する必要がある。農家サイドにもボランティアを超えて農作業に従事する雇用者（常勤・パート）の必要性もある。事実ボランティアや雇用者等複数タイプの外部労働力を入れている農家がいる。

立川市では受入農家からの誘いでボランティアからパートになった人がいた。ボランティアとパートには定期的・継続的な労働、命令と被命令の雇用関係、最低賃金等労働関係の法制度の適用などの違いがあるが、それを規定する労働の質や働き方の違いについてボランティア、受入農家に共通する一般的な認識があるものなのだろうか。援農ボランティアには、定期的にそれも週何日も参加している人、長期間経験を積み作業を任せられるような人、作業のスキルについてはパート労働者と違わない人もいる。ボランティアから労働の質に応じた謝礼をという意見が出てくる背景でもあるが、逆にそれが難しい背景でもある。今回ヒアリングをしたあるNPO法人がボランティアと一緒にアルバイトやパートを雇用する農家に、ボランティアの作業としっかり分けてシフトを組むようにお願いしているというのもこの点での難しさと関係しているのではないか。

援農ボランティアはあくまでボランティア、喜びを金銭以外に求める活動として追及されることが本質である。そのためにはボランティアと農業者はそれぞれの立場・役割を踏まえたうえで農業の協働者として活動していく関係になってゆくことが働く喜びになるのではないか。しかしそれは全くの無償を意味しないことは既に触れてきた。取れたもののお土産、援農のための費用（交通費や援農に必要な手袋、衣服、履物等経費）、加えてお礼の気持ちの謝礼などの金銭でのやり取りは有償とは言えず無償を原則とするボランティアの範疇である。やり取りする金銭は「費用の（一部あるいは全部の）対価」と「お礼の気持ちの謝礼」が重なって一体化したものである。したがって関係者の多くが納得する形でその金額を決めることは難しい。考え方を明確にしてボランティアと受入農家の多くが納得する額で決めざるを得ない。

3）援農ボランティアの位置づけ

先にも触れたがアンケートには援農ボランティアの限界を指摘する意見も少なからずある。援農ではなく賃労働として成り立たなければ質的量的に必要とする人材の不足は解決されないという意見である。同時に農家は当然そのような賃金は払いきれないという認識もあるのでそれを可能にする国やJAの制度についても触れられている。

農業経営にはそれを担う農業者、家族経営であれば核となる家族農業従事者が必要である。同時に農業経営の充実・拡大のため、逆に縮小せずに存続するため、そのいずれの場合にも経営を支える外部労働力が必要になる。都市農業ではその外部労働力として援農ボランティアの役割が大きいことを述べてきた。核になる家族農業従事者がいて、かつそれを支えるボランティアが厚く存在する構造が都市の家族農業経営の持続性や強靭さを支えるということである。

さらに様々な理由で離農する農家も発生している。農業と農地の存続のためにはそれを継承する農家の枠組みを超えた多様な担い手が必要となっている。ボランティア、ボランティアブループがそのような役割を担えるように育ってくることも期待されているのである。

注

(1)「ボランティア活動の中長期的な振興方策について（意見具申）」（中央社会福祉審議会地域福祉専門分科会　1993年7月）

(2)柴田謙治「第1章　ボランティアとは何か」柴田謙治・原田正樹・名賀亨編『ボランティア論―「広がり」から「深まり」へ―』（みらい　2010年）所収、p.2。

(3)中嶋充洋著『ボランティア論』中央法規出版、1999年、pp.23-28

(4)川村匡由編著『ボランティア論』ミネルヴァ書房、2006年　p.4

(5)柴田は新崎国広がボランティアを、①自発性・主体性、②公共性・福祉性・連帯性、③無償性・非営利性、④自己成長性、⑤継続性と説明していると述べ、「自己成長性」もボランティアの「成果」に関わる重要なキーワードであると指摘している。前掲柴田（2010）pp.1-2

(6)前林清和「chapter01　ボランティアとは」江田英里香編著『ボランティア解体新書―戸惑いの社会から新しい公共への道』（木立の文庫、2019年）所収 pp.7-12

(7)田中尚輝はボランティアの有償性は高齢者等に対する在宅福祉サービス分野で始まったがその背景は、①高齢化、核家族化による援助を必要とする人の増加、②援助を受ける側に経済的余裕が生まれ、お礼や感謝の気持ちをお金で表したいという希望が出てきたこと、③ボランティア側も少額の謝礼金を受け取ることでかえって一方的なサービスの提供でなく対等で双方向性のあるサービス提供が行えることがわかってきたこと、④継続的・持続的なサービスを実施するためには事務所や専任の職員の配置が必須、この確保のためには有償性の導入が不可欠と整理している。「第6章　NPOのボランティア活動」 前掲川村編著（2006）所収 p.108。

(8)具体的には「情報化社会の発展を図る活動」「科学技術の振興を図る活動」「経済活動の活性化を図る活動」「職業能力の開発又は雇用機会の拡充を支援する活動」「消費者の保護を図る活動」「観光の振興を図る活動」「農山漁村又は中山間地域の振興を図る活動」などの分野が加えられてきている。

(9)アメリカのCSAが日本に紹介された時、一つの特徴として援農は会員の義務とされていた。訪問したつくば市のCSA飯野農園（https://tsukuba-iinonouen.com/）は会員の農作業への参加は可能であり歓迎されるが会員の義務ではない。日本のCSAではこの方が多いという。東京の有機農業の先駆者である世田谷の大平農園はインターネットでいろいろな情報が得られるが、多くの消費者や有機栽培の技術を学ぶための人が援農に来ている。

(10)前掲農林水産部調査報告書（1996年3月）pp.27-28及び66-67。ただし今回行ったアンケートは援農ボランティア活動に参加している人の動機、都農林水産部のアンケート調査は農業ボランティアに参加したい人の動機という違いがある。

(11)69人についての集計してある。実際の援農参加者はわずかの時間参加した人もいてこれよりも多い。援農参加時間でみると69人の援農参加時間の合計（13,152時間）は全体（援農受入農家の受入れ時間合計13,545時間）の97％を占める。

(12)アンケートの回収率は練馬区が低かった。足立70％（49人／70人）、国分寺81％（74人／91人）、練馬54％（45人／83人）、立川99％（68人／69人）、「すずしろ」68％（67人／99人）、「たがやす」84％（65人／77人）。これが関係しているのかもしれないが、練馬区は高齢者の割合が低い。

(13)ほかに正確な比較ができる事例がないが、もし59歳以下の現役世代のボランティアの援農時間が全体の四分の一を占めること、女性の場合59歳以下のボランティアの援農時間の比重が男性に比べて大きいことが「有償」であることと関係しているのかどうかは検討の余地がある。つまり「有償」であることはボランティアの年齢構成などに影響を与えているのかどうかは検討を要する。

(14)「活動しない」と答えたのは1人、50代の男性で時間がないと理由を記している。今後の活動について「わからない」と答えた人は4人でうち3人は高齢化、体調が理由であり、ボランティア活動の評価とは直接関係していないように見える。

(15)堀田力「ボランティア認知法の提言―有償ボランティアと労働の区分―」、衆議院調査局「RESEARCH　BUREAU 論究（第4号）2007　所収、p.1

(16)前掲田中（2006）p.108、東根ちよ「『有償ボランティア』をめぐる先行研究の動向」（同志社大学政策学部・総合政策研究科政策学会『同志社大学政策科学院生論集』 4巻（2015・3）、p.39

(17)前掲東根（2015）p.43。「有償ボランティア」の推進を理論的に後押ししたのは「互酬性」概念とし、栃本一三郎（「ボランティア活動の新たな道―福祉活動参加指針をめぐってー」『月刊福祉』76巻9号）が「チャリタブル（慈善的）ボランティアからレシプロシティ（互酬性）ボランティア」へとして「有償ボランティア」の存在を積極的に肯定したと紹介している。
互酬的配分様式について藤村正之は「従来の親族や地域共同体によるものではなく、自らの選択による友人関係や新たな団体・組織が作られはじめており、それにより新しい互酬的配分がこころみられだしている」と述べ、町村敬志は前者を「帰属的互酬」後者を「達成的互酬」と呼んで区別していると紹介している。「互酬的関係性の形成とその内実―住民参加型在宅福祉サービスにおける利用と提供の相互作用過程―」『総合都市研究』第42号　1991）、p.85

(18)有償ボランティア事業に法人税を課すとする税務署側の主張を認めた裁判、いわゆる「流山訴訟」の原告代理人であった堀田力の前掲論文が有償ボランティアをどのように認識するかについて論じていて参考になる。
(19)今回実施したボランティアに野菜を渡すかどうかのアンケート調査結果。①毎回渡す、②渡す時も渡さない時もある、③渡さない、の受入農家割合（無回答を除いた回答）。
「すずしろ」:①53.8%、②30.8%、③15.4%、「たがやす」:①68.4%、②21.1%、③10.5%、立川市:①39.1%、②52.2%、③8.7%、国分寺市:①71.4%、②28.6%、③0%　足立区：①100%　②③0%　練馬区：①61.9%、②38.1%　③０%
(20)拙著（1990）p.135。なお東京都農林水産振興財団のアンケート調査では援農ボランティア活動をしているNPO16法人中（都外での活動を含む。230団体に送り回答は76団体））有償は２団体（本書で取り上げている「すずしろ」と「たがやす」）である。「農作業組織の実態調査（平成30年度～令和２年度)」(『東京農業の支え手育成支援事業　報告書』令和３年３月)

援農ボランティア活動の展望

第8章

都市農業の課題と期待される
援農ボランティア活動の役割

第1節　援農ボランティアが果たしてきた役割

日本の都市農業は市街地に混在する農地の上で家族経営によって担われている。したがって家族経営の存続・継承が都市農地・都市農業の存続にとって重要である。家族経営の存続はまず農業者の経営努力に規定され、自治体の農業施策はそのような農業者の経営努力を支援し家族農業経営を存続・継承させることにあった。援農ボランティアも家族労働力の減少が進む下で農業経営にとって重要な農業労働力の補完として、行政の施策においても自主的な取り組みにおいても、位置づけられて行われてきた。農業者、行政、農業団体、ボランティア等の努力によって、地域住民に新鮮で安心できる農産物を供給する多品目・直売型農業や農業体験農園などの都市にふさわしい農業経営が作り出されてきた。

この様に援農ボランティアの役割は農業経営の支援と理解されているが、受入農家が感謝している支援の内容はもう少し広い。援農ボランティアには農業（生産および販売活動等）の支援によって、農業経営を支えるという主たる役割と同時に、自然が相手の農業を仕事としていることからくる生活上の問題の解決に役立つ機能もある。農業は自由に休暇を取りづらく、子供たちが小さい時に学校行事にも参加できない、夏休みでも家族で一緒の休暇が取れないというような生活上の問題の解決に役立つということである。かつては農家であれば当然のことも世代が代わってくれば問題となりボランティアの支援がこの点でも有難いのである。農家の生活にとって大切な支援になっている。

生産や販売等における農業支援は農業経営の展開や経営規模の拡大に対する支援である。

都市農業として存続していくためには都市にあることを活かした経営の工夫、それに関わる機械化や施設化等が必要になる。都市農業の特徴的な展開は少品目大量生産・市場出荷型農業経営から多品目少量生産・直売型農業経営への展開であった。農業経営の集約的拡大（経営面積の拡大ではなく集約化によるビジネスサイズの拡大）であり、その際の大きなネックは労働力である。家族農業労働力は他産業従事や高齢化によって減少しているにもかかわらずより多くの労働力を必要とする農業への展開だからである。援農ボランティアが多くの自治体で農業振興施策として取り組まれ広がっていった[(1)]。

農業経営におけるボランティアの支援の基本は、受入農家の指示に従って農作業に従事することである。作付内容や作付面積、栽培のやり方などの栽培計画の基本は受入農家が決め、その指示に従って農作業に従事する。この指示と被指示という基本的な関係は変わらないが、ボランティア活動が継続する中で一方的な指示・被指示の関係から一緒になって経営に取り組む関係、協働者的な色彩が生まれてくる事例も少なくない。またボランティア労働力に支えられて経営面積を拡大する経営もでてきている。これらについては既に4章等で触れた。

第2節　都市農業の転換期

1）都市農業の位置づけの転換―都市農業振興基本法・同基本計画

2015年の都市農業振興基本法、2016年の都市農業振興基本計画は都市に農地・農業は不要とする1968年の都市計画法の理念を転換し、都市における農地・農業存続の意義を明確にした。

基本計画は都市農業の、収益性の高い農業経営、生産物の安全・安心に関する都市住民の信頼感等を評価し農業振興施策によって支援する方向へ転換することを謳った。また都市政策においても人口減少やコンパクトシティを目指す状況の下で都市農地を宅地等の予定地とみなさず「『あって当たり前のもの』、さらには『あるべきもの』へと大きく転換し、環境共生型の都市を形成する上で農地を重要な役割を果たすものとして捉えることが必要」(2)と述べている。

以上のように農業振興と都市づくりの両面から、都市農業の振興と都市農地の保全に向けた施策充実の必要性が謳われたのである。また都市農業の振興に当たっては「都市農業の多様な機能の発揮」を中心的な政策課題に据え、これを通じて農地の有効活用及び保全を図り、農地と宅地等が共存する良好な市街地の形成に資することを目指すべき方向とした。

多様な機能について基本計画では「農産物を供給する機能」を含めて６つの機能を挙げているが、全ての機能が発揮されるための基盤は「農産物を供給する機能」であると農業生産活動の重要性を指摘している。同時に防災や農作業体験や交流の場の提供等、農業の継続だけでは発揮されない機能もあるので、公共性や公益性の高い機能についてはその発揮を促進するための新たな政策支援が必要であることも指摘している。このように都市農業振興のための農業政策と都市づくりのための都市政策の両面からその基盤である農業の振興と農地の保全を謳っている。

２）都の農業施策における農地保全の位置

農業と農地の維持・継続には何より担い手の確保が重要である。担い手は農業経営が経済的に再生産可能でなければ育たない。都はほぼ５年毎に東京都の農業振興の理念・方向を「東京都農業振興プラン」として作成している。都市農業プランの最新版（2017年５月）をその前の振興プラン（2012年３月）と比較すると、大きな特徴は農地の保全とその活用の位置づけが高まっていることである。

両プランの「東京農業が抱える課題」を比較すると、2012年版は①力強い経営体強化による産業力の強化、②民間・行政が一体となった食の安全性確保と信頼向上、③農業・農地の多面的機能発揮のための環境づくり、④都市農業・農地に係わる制度の改善、2017年版は、①市街化区域内の農地利用と担い手確保・育成、②都市農地保全と多面的機能の発揮、③環境保全型農業の実践と地産地消の推進、④地域毎の農業の振興となっている。担い手確保による農地の利用と同時に農地の保全が独立した課題として謳われている。「振興の方向」でも「農地保全と多面的機能の発揮」として２番目の独立した柱となっている。力強い経営を育てるという産業政策的色彩よりもその基盤である農地の保全、その活用、それらを担う担い手の育成に重点が移っている。

都市農業振興基本法で謳われているように農地は農業生産機能を核としてその他多面的機能発揮の基盤でもある。そのように位置づけられた農地の減少に歯止めをかけ保全するためには、農業経営の産業力の強化だけでは困難であることが明らかになってきているからである。農地の保全に焦点を当て、独自の課題として取り組まなくてはならないのである。

第３節　都市農業の課題

1）都市農業の今後の展開─二つの課題

既に触れたように都市農地・農業には二つの機能が期待されている。

一つは農業生産、農産物の供給である。食料生産・食料供給は人々の生存の基盤であり、農業の役割は量的・質的に国民・住民が期待している農産物の生産・供給にある。新型コロナウイルスの世界的感染拡大によって農産物の輸出規制を行う輸出国も現れた。戦後、特に新自由主義段階で促進されてきたグローバルな生産と消費のシステムへの不安を呼び起こしているがその不安には量的な面と質的な面がある。低すぎる日本の食料自給率が今回のコロナ禍の下で改めて強く意識されると同時に新鮮さ、安全性や栄養面など輸入農産物の質も問題となっている。

表 8-1　三大都市圏特定市の生産緑地の減少率（%）

	1993〜2019	（1993〜2020）
三大都市圏特定市		
生産緑地	-20.3	-21.4
宅地化農地	＊ -62.5	
東京都		
生産緑地	-24.7	-25.9
宅地化農地	-77.7	
区部		
生産緑地	-31.4	-32.4
宅地化農地	-89.6	
市部		
生産緑地	-23.6	-24.7
宅地化農地	-73.6	

資料：国交省、東京都の資料により作成
注：三大都市圏特定市の宅地化農地は 1993〜2018 年の数値である。

都市農業の生産機能は、都市の消費量を考えればもちろん限界はあるが、新鮮で安心そして栄養的に優れた野菜を中心とする食料供給を維持、さらには拡大することが期待されている。それは持続可能な強靱な都市を造ることにもなる。しかし都市農地・農業の位置づけが保全すべきものと180度転換されたにもかかわらず都市の農地は減少を続けている。

表8-1は東京都の市街化区域内農地の推移である。保全すべき農地である生産緑地も1993 ～ 2020年に25.9%、区部では32.4%も減少している。

日本の都市は多くの農地を抱え新鮮な野菜を中心に地域住民に農産物を供給してきた。住民はこのことを当たり前のこととしその意義を特に深くは考えないできたように思う。しかし基本的に農地が無くなった欧米の都市住民から見れば、これは極めて羨ましいことだということを、2019年冬の練馬区主催の世界都市農業サミットに関わって改めて認識させられた。欧米の都市では野菜生産のための住民によるコミュニティ農園づくりが熱心に取り組まれている。新鮮で安全な農産物の自給、住民が一緒に取り組む農作業を通じて分断が進んだ地域コミュニティの再生など、都市の抱える諸課題解決のための取り組みである[3]。私たちはこのことを考える必要がある。

農業は生産性の追求から新鮮さ、安全性や栄養という質の重視、さらには温暖化等の地球環境や生物多様性などの自然環境に負荷を与えない農業へ少しずつ展開してきている。もちろん両者は無関係ではなく結びついている。これらの取り組みはもちろん市民にとって重要であるが、農業の持続可能性を高めるものでもあり農業者が自らの問題として消費者や行政の支援を受けながら取り組む課題でもある。そのような都市農業とその担い手が期待されている。

他方で農業は農産物生産の他に多様な機能を持っている。その機能の発揮は農業者が農業生産を行っていれば必然的に発揮されるというものばかりではない。その中には農業体験農園のように農業経営の一環として発揮される機能もあるが、農地・農業によるまちづくり・地域づくりとして、住民が主体となって自らの課題として、行政や農業者と一緒に取り組まなければ発揮されない機能もある。

資本の自由な活動による経済の拡大を目指し、国内および国際的な規制の緩和を進めた1980年代以降の新自由主義の下で、自然災害、気候危機、環境、貧困・経済格差、人々のつながりの分断・コミュニティの崩壊等の社会・経済の歪みが蓄積された。新型コロナウイルス感染症の拡大はこれらの歪みを顕在化させた。とりわけ都市はそれらの原因を作り出してきたし、解決を迫られる課題の多くを抱えその深刻度も増している。

これら現代の深刻な問題は農業や食料問題としても現れている。例えば貧困化や経済格差の拡大は、フードバンクや子ども食堂の取り組みに見られるように、全ての人びとが安全で良質な十分の食料を口にできないという、生存に関わる深刻な食の問題をもたらしている。環境問題も農産物の生産方法、消費に至るまでの輸送距離、生産・流通・加工・外食・消費の各段階での廃棄物の削減や再利用等、農業や食料に関係する問題である。消費者の食料の選択基準、食料廃棄物の削減や再利用の意識など消費のあり方に大きく係わる消費者の問題でもある。

逆に言えば農業は現代の抱えるこれらの問題の解決に寄与し豊かなくらしと社会―災害に強く環境に負荷を与えず人々を分断せず包摂する公平で強靭

な持続可能な都市—の構築に大きな役割を果たすことができる可能性を持っていることを意味する。これからは都市の抱える諸問題を農地・農業を活かして解決していくという視点と取り組みを強めていかなければならない。多くの農地と農業者が存在する日本の都市では、農地・農業に関する取り組みは、これまで農業者・農業関係団体と農業関係の行政部局が、市民の支援を受けながら主として担ってきた。しかし都市住民が主体となって農業者の協力を得て取り組まなければならない課題も多いのである。行政も農業部局だけでなく関係する多くの部局が横断的に協力して取り組むことが必要である。

日本でも「NPO法人　くにたち農園の会」のコミュニティ農園「くにたち　はたけんぼ」のような住民が中心となった先駆的な活動がある。「農が身近にある暮らし」の実現を目的に市民が専門や得意分野を活かしながら多様な活動を展開してきている。また練馬区の農業体験農園の利用者の呼びかけで、子ども食堂や一人親世帯への体験農園でできた野菜の「おすそ分け」の取り組み、さらにその活動が、関係者が一緒になっての体験農園での野菜づくりへ展開している事例も見られる(4)。

2）都市農地の保全

日本の都市の農地の多くは家族経営によって農業生産のために利用されている。したがって農地の維持・保全には家族農業経営の継続・継承が重要である。農業施策も家族農業の支援によって農業経営力の強化、家族経営の維持、農地の保全という流れを目指して行われてきた。

しかし農家はマンション、駐車場などの所有やスーパー等への貸付地など農地以外の不動産を所有している。それらの不動産収入に支えられて家計が維持され農業経営の継続が可能になっている農家も多い。様々な宅地が大きな比重を占める相続財産に課税される相続税の支払いには、通常は宅地ではなく農地が売却される。均分相続制度も農地の減少をもたらす。したがって家族経営の支援によって農業経営を強化し農地を維持するというだけでは農地の減少に歯止めをかけることは極めて困難である。農地の減少を緩やかにするためにだけでも農地の公有化等直接歯止めをかける施策が必要である。そのため自治体による取り組みも見られる(5)。

都の農業振興プランでも国に対する要望事項として、買取り申出のあった生産緑地の買取りが可能になる財政的支援や、相続税の物納による農地保全等が掲げられるようになった(6)。これらの施策が実現に向けて進むためには農地の保全が都市住民の豊かな生活にとって欠かせないとの認識の広がりと世論の形成、それを受止め実行する国や地方自治体の決断が必要である。

農地の減少が続く中で現存する農地の十分な生産的利用も課題である。農業委員会の農地パトロールが行われ都市には農山村のような荒廃化した農地はない。しかし十分な生産的利用という点では不十分な農地（何をもって不十分とするか農業者が共通の認識を持つことが必要であるが）は存在する。農地法によって、「農業上の適正かつ効率的な利用」が農地の権利者の責務とされているのだから、共通の認識をもって農業生産上また多様な機能の発揮という観点からも、貴重な農地を十分活用することが必要である。

第4節　都市農業の新たな展開と援農ボランティアの役割

1）都市農業振興基本法の下での制度改正

先に触れたように東京都の農業は施設化・多品目少量生産・直売型農業や体験農園など、住民と結びついた農業に転換してきた。また小松菜栽培経営のように特産品の栽培技術をさらに向上させてきた地域もある。現在はこれらの都市型農業を展開してきた世代の後継者たちがトマトなどの本格的な施設経営に取り組む動きもみられる。都市農業は個々の経営としては非常に頑張ってきたが、農地や農業の縮小化に歯止めをかけることはできていない。

このような都市農地・農業の状況への対策に加え生産緑地の多くが2022年に指定後30年を迎え所有者の意向で指定解除、つまり転用が自由になる時期を迎えることへの対策が必要となった。国は都市農業振興基本法の下で、一つは農業経営強化のためにその自由な展開を可能にする規制の緩和や施策、もう一つは農地、その核である生産緑地を維持するための様々な制度改正を行った。

第一の農業経営強化に資する施策は、①生産緑地に直売所、レストランの設置を可能にした生産緑地法の改正、②農家経営の維持や継承、農業の担い手の多様化、またそれによって農地の保全等に資するであろう2018年「都市農地の貸借の円滑化に関する法律」(「都市農地貸借法」)の制定である。都市農業は、不動産経営や相対的に恵まれた他産業従事への雇用機会によって、農業経営が支えられていると同時に、相続時に見られるようにそれが農業経営の維持、継承を難しくもしている。また地価の高さ、後に触れる生産緑地の貸借の制度的障害などにより規模拡大による経営継承、新規参入なども困難であった。この枠組みの中で家族経営を支援しその経営意欲を高める施策だけでは都市農業の維持は難しいからである。

都市農地貸借法と税制の改正によって生産緑地の貸借を妨げていた制度上の問題(7)は一応解消された。既存の農家の規模拡大、それによる農家家族員の新規就農、農家家族員以外の就農希望者や企業による新規参入等の可能性が開かれ、生産緑地でも家族経営の枠を超えて多様な担い手が生まれる制度的な基礎が作られた。また農家自らが生産緑地で市民農園を開設することが容易になったし、企業が生産緑地を借り入れて市民農園を開設することも容易になった。

二つ目は農地の保全についてである。都市農業振興基本法・同基本計画の下で農地は都市にあるべきものとされたが、保全する農地はあくまで生産緑地であり、その保全のために指定面積要件の引下げなど諸規則の改定が行われた(8)。

重要な2022年問題への対応としては、10年の営農義務を条件とした特定生産緑地制度が新設された。今後10年毎に再指定の手続きが行われることになるので生産緑地の不安定化は避けられない。しかし他方で都市農地貸借法による生産緑地の貸付も、終生の営農継続を条件とした相続税の納税猶予が適用されるので、相続を契機にした宅地化農地への移行が貸借によって抑制される効果もあるだろう。例えば相続人が耕作することが困難であっても急いで転用を必要としない場合、あるいは定年後の就農を考える相続人、自分の孫など他の家族員が農業を継承する可能性を考える相続人などの生産緑地は新しい貸借制度によって宅地化農地への移行は抑制されるだろう（9）。

２）特定生産緑地制度、都市農地貸借法の実績

簡単に現時点での実績を見ておきたい。

特定生産緑地への移行手続きは現在も継続中である。国交省のHPによれば全国では、㋐生産緑地指定後30年を迎える対象生産緑地9,508haのうち、㋑「指定済み・指定見込み」が80％、㋒「指定の意向なし」が７％、㋓「未定・未把握」が13％である。東京は、㋐2,428ha、㋑90％、㋒５％、㋓５％である（2021年９月末現在）。この意向を前提とすれば東京では最低でも121ha（「指定の意向なし」）が宅地化農地つまり宅地化予備軍となる可能性がある。今後は10年毎にこの指定申請手続きが行われるので生産緑地はこれまで以上に不安定化するだろう。

2018年９月施行の都市農地貸借法は担い手の育成と農地の保全を実現するためのもう一つの柱である。**表8-2**は施行後２年半（2021年３月末現在）の実績である。表にはないが生産緑地面積に対するこの時点での実績は三大都市圏では0.4%、首都圏では0.49％、東京では0.87％である。2018年９月１日から20年３月末までの１年半の認定実績305,830㎡に対してその後１年間（2020年３月～21年３月）の増加は209,237㎡と、21年３月まではほぼ同じペースで増加している。貸借面積（耕作目的と市民農園開設目的の合計）の67.1％が首都圏、4.8％が中部圏、28.1％が近畿圏、東京は実績全体の50.7％と半分を占めている。

耕作目的と市民農園開設目的の割合は全体では78.7％対21.3％である。地域別に耕作目的の割合を見ると首都圏は79.3％、中部圏86.0％、近畿圏は76.0％、東京は83.8％、大阪は70.6％である。全体の賃借の実績の50％を占める東京は耕作目的が83.8％と高い比率を示している。

表 8-2　都市農地貸借法の実績（2018・9・1～2021・3 末）

	件数	面積・㎡	割合・%
2020 年 3 月末	174	305,830	
2021 年 3 月末	292	515,067	100.0
耕作目的の借入	221	405,172	78.7
首都圏	136	274,025	53.2
中部圏	8	20,893	4.1
近畿圏	77	110,254	21.4
東京	114	218,784	42.5
大坂	34	45,805	8.9
市民農園開設目的	71	109,895	21.3
首都圏	40	71,737	13.9
中部圏	4	3,398	0.7
近畿圏	27	34,760	6.7
東京	26	42,373	8.2
大坂	16	19,053	3.7

資料：農水省による報告資料
（2021・11・8 都市農地活用支援センター講演会）

先に触れたように都市農地貸借法と貸付地についての相続税納税猶予制度の変更等によって生産緑地の貸借の制度的障害は無くなった。耕作が困難になった農地が貸借によって保全され、農業的に活用されることが期待されるがこの制度がどのように活用されていくのかは今後の課題である。

3）援農ボランティアの役割

都市農業・農地の保全は新たな段階を迎えていることを述べてきた。この課題に対して援農ボランティアが果たす役割は何か、都市農業の維持・振興の観点とまちづくりの観点の二側面から見ておこう。

第 4 章で述べたように都市農業の維持や振興の観点からは、援農ボランティアは以下の役割を果たしてきた。

援農ボランティアを受入れてきた農家はその支援によって経営の維持や都市農業に期待されている農業経営を模索しながら施設化、多品目化、直売など、農業経営の集約的拡大を実現してきた。ボランティア受入農家は認定農業者などの地域農業を支える農家が多い。さらにボランティアの受入を基盤として借地による経営面積を拡大する受入農家も現れている。それによって十分利用されていなかった農地の活用、離農や規模縮小農家の農地の維持や活用が行われる。ボランティアは地域の農地・農業の担い手を支えているのである。

援農ボランティア事業を行うNPOの中にも援農ボランティアの派遣事業だけではなく自らが農地を借りて市民農園を開設したり運営したり、また自ら農業経営を行う法人も現れてきている。

援農ボランティアが農地を借りて農業経営に乗り出した事例は今の所筆者は知らない。しかし例えばボランティア先の農家が農業を止める時にボランティア、あるいはボランティア集団がその経営を継承するという事例は今後出てくる可能性はあると思われる。援農ボランティア活動のボランティアや団体が受入農家の経営を支援するだけでなく経営の主体となって地域農業を支えていく動きを期待したい。

都市農業は農業生産だけではなく多様な機能の発揮を期待されている。ボランティアは多様なキャリアの持ち主である。このことは援農ボランティアの受入農家にとってもまた援農ボランティアや団体が農業の主体となる時にも都市農業の幅を広げる役割を果たすだろう。

先に触れたように今後農地・農業を活用して都市の抱える多様な問題を解決していくまちづくり・地域づくりの取り組みが活発に行われることが期待される。援農ボランティアは多様なキャリアの持ち主がボランティア活動を通して農作業の経験を積む。農地・農業を活かして地域の抱える多様な社会的課題を解決する活動で大きな役割を果たせる可能性がある。

注

（1）例えば東京都農業会議が主催する2021年度の企業的農業経営顕彰事業と農業後継者顕彰事業の受賞者（島しょ部の農家を除く）の家族以外の受入労働力の種類（ただし延べ受入農家数）を見ると次の通りである。企業的農業経営顕彰受賞者34農家中、ボランティア受入７戸（ボランティアのみ５戸）、常雇用者５戸（常雇用者のみ４戸）、臨時雇用者８戸（臨時雇用者のみ６戸）、農業後継者顕彰受賞者27農家、ボランティア受入３戸（同２戸）、常雇用者３戸（同０戸）、臨時雇用者６戸（同４戸）である。ただし受入延べ農家数である。ボランティアは顕彰されるような農家の経営を支えていることがわかる。都農業会議『新しい東京農業の担い手』(2022年2月)による。

(2)「都市農業振興基本計画」の「はじめに」

(3)例えばロンドン市は2012年のロンドンオリンピックを目標に、コミュニティが自ら食料を栽培するコミュニティ農園を2012作るキャピタル・グロウス(Capital Growth)事業を2008年に立ち上げた。この事業を推進する団体SustainのHPによると、実績は2,767か所、788,638㎡(平均285㎡)、ボランティア100,123人、収穫物年間80トンと書かれている(https://www.sustainweb.org/londonfoodlink/ 2020・01・25アクセス)。もちろん欧米の都市でもこのような取り組みには都市サイドとの軋轢はある。その中での取り組みである。

(4)その他にも畑での野菜づくりを通じ地域の人たちが繋がりまたハンディキャップを持っている人たちの就労支援を目的とした西東京市の「みんなの畑」(https://www.minhata.com.about)、ヒアリングをしたことはないが環境問題と安全な食の取り組みとして生ごみのたい肥化とそれを使った「せせらぎ農園」での野菜栽培を長く継続している「NPO法人　ひの・まちの生ごみを考える会」(https://www.namagomi-heraso.com/about-us/history/)などの活動がある。

(5)東京都は2011年から農地を一定程度含む区域を「農の風景育成地区」として都市公園指定し農地利用が不可能になった時には都が買い上げ、農業生産利用とは言えないが市民農園などの農的利用農地として保全する事業が行われた。また2018年度から農地の創出・再生支援事業を実施している。創出支援事業は市街化区域を対象に宅地の農地への転換を支援する事業である。建築物の解体処理費用、深耕や客土等の費用の補助である。再生支援事業は都全域を対象に障害物除去や深耕等により遊休農地を再生するための支援である。

(6)「東京都農業振興プラン」(2017年5月)

(7)生産緑地に貸借が見られなかったのは三つの理由による。①貸し手側にとって解約が困難な契約の法定更新の規定がある農地法による貸借しか方法がなかったこと、②相続税の納税猶予適用農地を貸付けると猶予制度が打ち切られ、また貸付農地には相続税の納税猶予がそもそも適用されないという相続税の納税猶予制度に関わる二つの問題、③生産緑地の買取り申出が可能になっても申請に必要な農業委員会発行の農業従事者証明が貸付農地には発行されず生産緑地の解除、つまり転用が出来ないという障害である。

(8)生産緑地指定の下限面積要件の500㎡を300㎡への引下げ、一団の農地の規定の緩和、生産緑地の追加指定農地の要件の緩和等が区市の条例、生産緑地法と都市計画運用指針の改定で可能になった。

(9)その他新しい用途地域「田園居住地域」が新設された。混在した住宅と農地が良好な住居環境と営農環境を形成している市街地を実現しようとするものである。この用途地域内の宅地化農地は開発規制を受けるが固定資産税の軽減措置、相続税の納税猶予が適用される。ただしこの用途地域の実現は難しいことも予想され、もう少し容易な同様の目的を持つ地区計画も創設された。また都市緑地法の改正で緑地の定義に農地が含まれることが明記された。これによって農地は都市緑地法の諸制度（緑の基本計画、特別緑地保全地区制度、等）の対象となった。

第9章

ポストコロナ社会における都市農業の役割と援農ボランティア

第1節　SDGs時代の都市農業

1）持続可能な社会の実現とSDGs

コロナ禍は、私たちの暮らしを一変させた。「ニューノーマル（新しい生活様式）」という言葉も一般的に使用されるようになり、改めて、ポストコロナ社会のライフスタイルに注目が集まっている。

ポストコロナ社会は、「ウィズコロナ」と同時に、人類共通の目標として定められた「持続可能な開発目標（Sustainable Development Goals：SDGs）」の達成を視野に入れたビジョンを描くことが重要になる。

2015年9月の国連サミットで採択された「持続可能な開発のための2030アジェンダ」の具体的目標として示されたSDGsは「誰一人取り残さない」社会の実現に向け、2030年までに達成すべき17のゴールと169のターゲットで構成されている。

持続可能な社会については、1970年代から国際レベルで議論されてきた。とりわけ重要なのは、1987年に「持続可能な開発」という概念が提示されたことである。国連によると、「将来の世代の欲求を満たしつつ、現在の世代の欲求も満足させるような開発」と定義され、将来の世代のことも考え、現在の世代の暮らしと社会をつくる長期的な視点に立っている。1992年の地球サミットで、持続可能な開発の必要性が全世界で共有された。

SDGsの特徴は、具体的に「社会」「経済」「環境」という3分野にもとづきゴールが設定され、各ゴールをひとつひとつ切り離すのではなく、それらをバランスよく循環させながら持続可能な社会に向けて歩みを進めていく点にある。

2）都市の人口減少と縮退

現在、都市でも高齢化と人口減少が同時に進展し、これまで都市計画の前提となっていた人口の増大は見込めず、今後、縮小し、縮退の局面に移行しつつある[(1)]。

表9-1は、地域ブロック別総人口の推移である。総人口は2008年の１億2,808万人をピークに減少しているが、都市部を多く抱える南関東ブロックでは、千葉県：2020年以降、埼玉県・神奈川県：2025年以降、東京都：2035年以降減少に転じると予測されている。東京都だけを見ても、2045年まで増加するのは、62の区市町村のうち千代田区、中央区、港区、台東区、江東区、品川区の６区しかない。

人口減少とともに、高齢化も深刻である。同様に「日本の地域別将来推計人口」を見ると、2045年の総人口に占める65歳以上人口の割合は、東京都：30.7％、神奈川県：35.2％、千葉県：36.4％、埼玉県：35.8％を超えるという。

表 9-1　地域ブロック別総人口の推移

ブロック	総人口（単位：千人）							指数（2015 年＝100）	
	2015	2020	2025	2030	2035	2040	2045	2030	2045
全国	127,095	125,325	122,544	119,125	115,216	110,919	106,421	93.7	83.7
北海道	5,382	5,217	5,017	4,792	4,546	4,280	4,005	89	74.4
東北	8,983	8,612	8,181	7,723	7,243	6,733	6,202	86	69
北関東	6,864	6,701	6,489	6,240	5,962	5,661	5,349	90.9	77.9
南関東	36,131	36,352	36,237	35,878	35,335	34,667	33,907	99.3	93.8
埼玉県	7,267	7,273	7,203	7,076	6,909	6,721	6,525	97.4	89.8
千葉県	6,223	6,205	6,118	5,986	5,823	5,646	5,463	96.2	87.8
東京都	13,515	13,733	13,846	13,883	13,852	13,759	13,607	102.7	100.7
神奈川県	9,126	9,141	9,070	8,933	8,751	8,541	8,313	97.9	91.1
中部	21,460	21,083	20,554	19,929	19,231	18,473	17,691	92.9	82.4
近畿	22,541	22,168	21,587	20,880	20,085	19,239	18,384	92.6	81.6
中国	7,438	7,282	7,077	6,848	6,599	6,332	6,062	92.1	81.5
四国	3,846	3,698	3,536	3,367	3,191	3,006	2,823	87.5	73.4
九州・沖縄	14,450	14,211	13,868	13,468	13,023	12,527	11,997	93.2	83

資料：国立社会保障・人口問題研究所「日本の地域別将来推計人口」（平成 30 年推計）より筆者作成

75歳以上人口の割合も約20％となり、東京都も16.7％に上昇する。南関東ブロックでは、全国に占める65歳以上、75歳以上の割合がともに３割近くとなり、多くの高齢人口を抱えることになる。

３）都市農業の「多様な機能」とレジリエントなまちづくり

これからの都市は、人口減少と高齢化に対応しつつ、持続可能な社会に向けたまちづくりを進めていくことが求められる。国もコンパクトシティの形成の実現に向けて動き出しており、農地を含む緑地保全において「農」への期待が寄せられている(2)。そこでは、都市農業との連携がポイントになる。

1968年に制定された都市計画法以降、都市的な土地利用の推進によって農地転用が促され、バブル期にかけて都市への開発圧力はさらに強化された。その後、低成長期を迎えると、環境問題や食の安全、ライフスタイルの見直しなどを背景に、都市農業の価値が再評価される時代へと移行した。2015年４月には都市農業振興基本法が制定、翌年５月には都市農業振興基本計画が策定された。

長らく「都市農業受難の時代(3)」が続いたが、都市農地の位置付けは従来の「宅地化すべきもの」から「あるべきもの」へと大きく転換し、都市農業の存在意義は見直され、期待も確実に高まっている。

後藤（2019）によると、都市農業振興基本法は農地を都市に必要な土地利用として位置付けたこと、都市農業が農産物の供給と多様な機能を供給する役割を担うこと、農業的土地利用と都市的土地利用の共存が都市住民の豊かな生活を支えることなど「都市計画法の理念の転換を内包」しているという(4)。

都市農業振興基本法では、都市農業への評価が「多様な機能」という言葉で示されている。**表9-2**は、農業の「多面的機能」と都市農業の「多様な機能」の比較である。蔦谷（2018）は、日本農業全体に発揮が求められている多面的機能と比較し、都市農業の多様な機能には「防災」「農作業体験・学習・交流の場の提供」「農業に対する理解醸成」が付加されており、とりわけ農作業体験・学習・交流の場を提供する機能の発揮によって農業に対する積極

表 9-2　農業の「多面的機能」と都市農業の「多様な機能」の比較

農業の「多面的機能」	都市農業の「多様な機能」
農産物の供給	農産物の供給
国土の保全	国土の保全
水源のかん養	水源のかん養
自然環境の保全	自然環境の保全
良好な景観の形成	良好な景観の形成
文化の継承 など	文化の継承
	防災
	農作業体験・学習・交流の場の提供
	農業に対する理解の醸成 など

資料：筆者作成

的な理解の醸成・獲得が期待されていることを指摘している(5)。

このような都市農業の役割は、SDGsとも深い関わりを持つ。その中でも重要なゴールが「11. 住み続けられるまちづくりを」で、「レジリエントなまちづくり」と言い換えることができる。

枝廣（2015）によると、「レジリエンス」の概念は教育や子育て、防災、地域づくり、地球温暖化対策など様々な分野で使用され、「外的な衝撃に耐え、それ自身の機能や構造を失わない力」、すなわち「しなやかな強さ」を意味する。自然災害だけではなく、高齢化や人口減少などのリスクにどう対応できるのか、国際的にも都市のレジリエンスを高めることが課題になっているという(6)。

都市農業の多様な機能の発揮が都市のレジリエンス向上に果たす役割は大きいと考えられる。レジリエンスは、ポストコロナ社会における都市の持続可能性を考えるひとつのキーワードになるだろう。

第2節　都市農業の担い手としての「耕す市民」

1）都市農業を支える多様な担い手

都市農業振興基本法の制定以降、都市農地に関する法制度が目まぐるしく変化している。2017年6月の生産緑地法の改正によって生産緑地の面積要件緩和、行為制限の緩和、特定生産緑地制度の創設、2018年9月には都市農地

表 9-3　都市生活者による主な耕作方式

耕作方式	概要
クラインガルテン	日本語では「滞在型市民農園」と表現される。敷地には休憩施設が併設。全国に約 50 カ所（約 1,000 区画）、東京都には奥多摩町にある。
農業体験農園	農業経営の一環として農家が開設し、道具、種・苗、肥料などを準備、指導する。
市民農園	小区画の貸付。開設主体は自治体、農協、農家、企業、NPO など多様。利用者が自由に栽培できる。
家庭菜園 ベランダ菜園	庭の一部を畑として耕す。庭木果樹も多い。苗や種などはホームセンターや直売所で購入する。庭がない場合は、プランターを利用する。
援農ボランティア	農業をサポートしたい市民が農家のもとで一緒に農作業を行う。主に自治体や JA が主導して広げている。
農業体験	種まきや収穫など単発のイベントで開催する。実施主体は自治体、農協、NPO、農家など多様である。

資料：筆者作成

の貸借の円滑化に関する法律（都市農地貸借法）の成立によって生産緑地の貸借がしやすくなった。市民農園を開設するために、生産緑地を貸借することもできる。

安藤（2019）は、都市農業を振興し、都市農地が存続するポイントについて、事業の多角化をつうじた農業経営の発展による都市農家の育成・確保と耕す市民の増加を指摘している[(7)]。農地の維持は、担い手の育成と両輪で、耕す市民を含めた「多様な担い手」の育成が重要といえる。

表9-3は、都市生活者による主な耕作方式である。この中でも、「市民農園」「農業体験農園」「援農ボランティア」が代表的な取り組みで、市民参加による都市農業の振興である。これは多様な機能の「農作業体験・学習・交流の場の提供」「農業に対する理解の醸成」にあたる。

日本の国土は、城壁を境に都市と農村がはっきり分離されていたヨーロッパとは異なり、スプロール状に都市が肥大化し、農地と市街地がモザイク的に混在している。都市の農家は、この混住化と言われる日本独特の都市空間を活かし、地産地消型、市民参加型農業に取り組んでいる。都市化が進展する中、自ら営農環境をつくり変え、地域とともに歩む農家の努力と工夫で、「農のあるまちづくり」が各地に広がっている[(8)]。

2）限定的な都市生活者と農業・農地の関わり

都市農業は、消費者との一体的関係性を大切にしているが、実際に農業を体験する、農家と一緒に農作業を行ったことがある都市生活者はそう多くないだろう。農地がすぐ近くにあったとしても、それにアクセスできる層は限られている。都市生活者と農業・農地のつながりはまだまだ希薄である。

東京都生活文化局によると、東京の農業・農地の意向について、2020年度は82.8％が東京に農業・農地を残したいと「思う」を回答した[(9)]。農業・農地に対し、温かいまなざしが向けられていることがわかる。

図9-1は、東京の農業との接点についてである。「東京産農畜産物を購入したことがある」が55.7％で最も多い。一方で「東京において、もぎとり・摘み取り農園や市民農園などで、農業体験をしたことがある」は19.4％、「東京の農業者と話したことがある」は15.4％と全体的に低くなる。「特にない」も17.4％であった。農業や農家と直接接点を持ったことがある都市生活者は少ない。

例えば、市民農園や農業体験農園は、時間的、経済的な制約がある。時間的な制約は共通していて、日々の管理作業などが必要で、経済的な制約は農業体験農園の場合、年間４万円ほどの負担になり、それに躊躇してしまう人

図9-1　東京の農業との接点（n=494、MA）

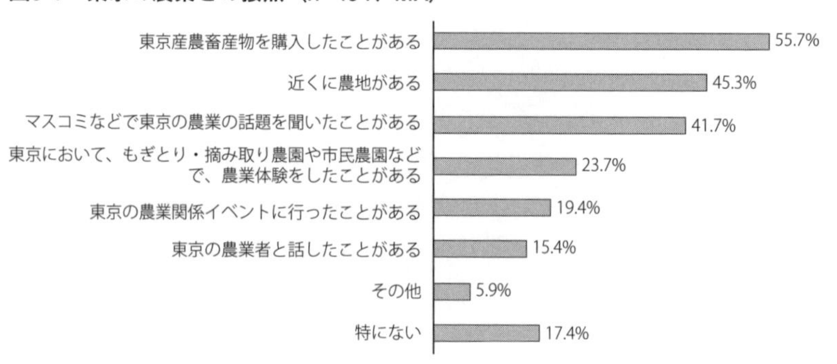

資料：東京都生活文化局「令和2年度第1回インターネット都政モニターアンケート『東京の農業・水産業』調査結果」（2020年9月）より筆者作成

も多いだろう。

そうなると、限られた層の都市生活者しか参加できない。そのため、広範な層の都市生活者を都市農業の現場にどう呼び込めるかが課題となる。

第３節　コロナ禍を契機とした都市農業の再評価

1）食と農へのまなざしの変化

新型コロナウィルス感染症の拡大は、これまでの都市化、グローバル化を推し進める大量生産・大量消費システム、効率最優先の経済成長優先社会から持続可能な社会への転換を求めている。この間、食と農を取り巻く状況も大きく変化した。

総務省の「家計調査」（２人以上世帯＝平均2.95人）によると、2020年の消費支出額全体に占める家庭内調理（内食）の支出比率が21％になり、比較可能な2001年以降で過去最大となった。コロナ禍による外出自粛に伴い外食が大幅に減り、巣ごもり需要の高まりが主な要因で、「食の内食化」は今後も続くと見られている[(10)]。

日本農業新聞の調査によると、国内農業への意識は「コロナ禍以前より大切に思うようになった」という回答が39.5％で、コロナ禍が農業や食料について考える契機になったという[(11)]。

実際、食料自給や地産地消などに注目が集まり、ローカルな食と農のつながりを再構築する動きが広がった。都市農業の現場でも、農産物直売所は大盛況で、地域の食卓と暮らしを守る拠点としてこれまで以上に存在感が増している。

2）増加する耕す市民

テレワークの普及などにより、農山村や都市近郊地域への移住、二地域居住（デュアルライフ）という田園回帰が広がっている。本社機能を地方に移転する動きも見られ、多様なライフスタイルの選択が可能な環境が整いつつある。こうした流れは、地方分散という観点から歓迎すべきだが、一方で、感染者が拡大し、脆弱性が顕在化した都市の持続可能性、都市生活者のライフスタイルをどうするのかという議論も必要である。

コロナ禍を契機に、農の現場にも大きな変化が起きている。それが都市生活者による農への関心の高まりと耕す市民の増加である。コロナ禍の中で、耕す市民には2つの姿が見られた[(12)]。

ひとつは、コロナ禍以前から耕し続けている人たちである。農業体験農園では、長時間の滞在を避けること、定期的に行われる講習会の時間帯をずらすなど密を避ける工夫をしながら利用者の受け入れを続けた。援農ボランティア活動も、自治体や受入農家へのヒアリング調査において、事前講習は中止にしたが、すでに活動しているボランティアの受け入れについては中止にせず、両者の合意のもと活動を継続するケースが多かった。

もうひとつは、コロナ禍を機に耕し始めた人たちである。例えば、日本農業新聞の「コロナ禍で在宅　野菜苗、貸し農園、書籍が好調　家庭菜園都市部でブーム」というタイトルが象徴している[(13)]。実際、市民農園や農業体験農園への問い合わせ、新規利用者が増加している。

図9-2は、タキイ種苗株式会社による「2021年度 野菜と家庭菜園に関する調査」の結果である。現在、家庭菜園を行っている148名のうち、40.6%が2020年3月の外出自粛期間以降にスタートしており、今後も継続したい人は94.6%になるという。

援農ボランティア活動について見ると、東京都農林水産振興財団が2013年度から開始した広域援農ボランティアへの登録者は、2020年3月時点で376名だったが、2020年5月からの約3か月で約200名も増加し、毎年400名弱の派遣回数は7月のみで199回にのぼったという。担当者は、「コロナ禍で、消費者の意識、食に対する考えが変わってきている」と述べている[(14)]。

このように、コロナ禍が都市生活者にとって農業・農地をより身近な存在にし、距離を縮めるひとつのきっかけになった。

図9-2　タキイ種苗株式会社「2021年度 野菜と家庭菜園に関する調査」

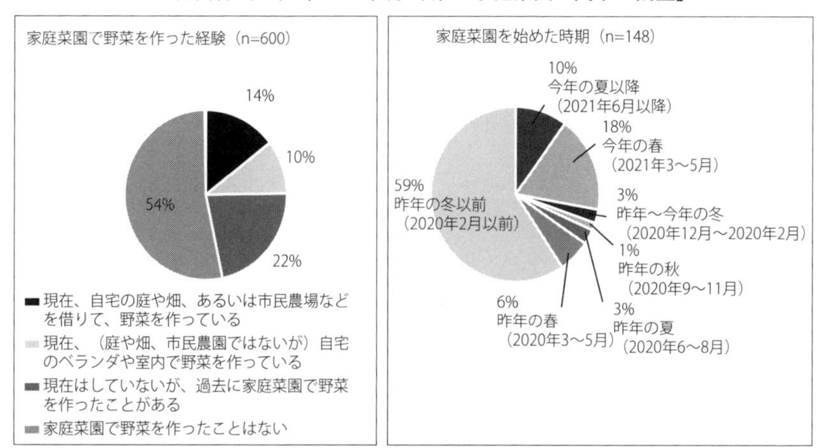

資料：タキイ種苗株式会社「2021年度 野菜と家庭菜園に関する調査」より筆者作成
注：20歳以上の男女600人にインターネット調査を実施（調査期間：2021年7月3日〜7月5日）

３）なぜ、耕す市民は増加したのか

図9-3は、コロナ禍で耕す市民が増加した背景についてである。在宅勤務の普及により職住一体化が進んだこと、外出自粛により買い物や娯楽施設、旅行などの消費活動が制限されたことなどが挙げられる。これはコロナ禍による暮らしへの外的インパクトである。さらに、在宅勤務と外出自粛は運動不足や精神不安、家庭内のリスク増大、コミュニケーションの希薄化など暮らしへの内的インパクトも与え、身体的、精神的、社会的な弊害をもたらした。

内閣府が2020年５月25日〜６月５日に実施したインターネット調査によると、「全く満足していない」を０点、「非常に満足している」を10点とし、「①新型コロナ感染症拡大前、②感染症の影響下、それぞれ何点くらいになると思いますか」という質問の結果、「生活全体の満足度」が5.96→4.48、「社会とのつながりの満足度」が6.07→4.32、「生活の楽しさ・おもしろさの満足度」

図9-3　コロナ禍で耕す市民が増加した背景

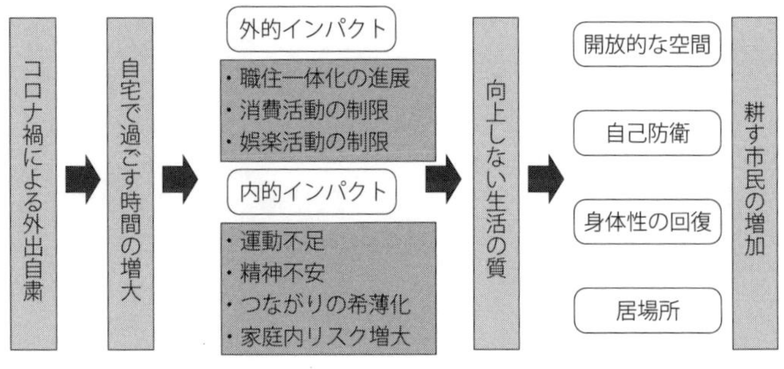

資料：筆者作成

が6.33→4.38に低下したという(15)。

コロナ禍でテレワークが普及し、働き方も変わりつつあるが、生活の質は必ずしも向上していない。こうした状況に対し、農地は密を回避する開放的な空間として居場所となり、都市生活者は現状の暮らしを豊かにしていくひとつの手段として耕す市民という実践を選択し、自己防衛的に耕し続け／耕し始めたと考えられる。つまり、耕す市民の実践は、食べものの自給や身体性の確保、相互扶助を生み出すコミュニティの形成など単なる趣味嗜好ではない豊かな暮らしの実現といえる。

第4節　ポストコロナ社会と農のあるまちづくり

1）援農ボランティア活動の意義

農のあるまちづくりとは、地域の中に農があり、農の中に地域があることで、農産物直売所などの地産地消の取り組みや多様な耕作方式を誰もが選択できるまちづくりである。こうした食と農のコミュニケーションの活発化によって、都市農地・農業への理解も醸成されていくだろう。

都市農業の多様な機能を発揮する農のあるまちづくりの重要性が再認識され始めているが、今回のような動きは外出自粛のような「ネガティブなインパクト」によってもたらされた。この場合、コロナ禍がある程度収まれば、

表9-4　援農ボランティアの役割

地域	都市農業への理解（学習者）
	都市農業・農地の保全（公共性）
	都市農業の情報発信
農業経営	農業労働力の確保
	農業経営への貢献（経営パートナー）
生活の質	自己充足（生きがい、健康、知的創造）
	栽培技術の習得・向上
	社会参画（余暇活動，コミュニティの形成）

資料：筆者作成

リバウンドのようにまた元の状態に戻ってしまう可能性が大いにある。そのため、都市農業の維持・発展を持続可能な都市、社会にとって「ポジティブなインパクト」を与える公共性の高い活動として位置付けることが求められる。

表9-4は、援農ボランティアの役割である。援農ボランティア活動は、受入農家の経営に直接関与する取り組みで、他の耕す市民の実践とは性格が異なる。しかも、ボランティアは、農業経営や都市農業に貢献することを動機に活動している割合が大きく、活動前に養成講座などを受け、栽培技術や都市農業への理解を深めた上で現場に出る。

アグリタウン研究会が実施したアンケート調査の自由回答を見ても、農業経営を支えることへのやりがい、都市農業の重要性やこれからを真剣に考えている記述が多く見られ、実際「こうやって育てた野菜が実際に出荷されると嬉しく、責任も生まれる」という言葉も聞かれた[(16)]。長年、受け入れている農家も同様で、ボランティアの存在を前提に段取りを組み、日々の作業を進めている。そこでは、お互いが認め合う関係性が構築されている。

ボランティアは、前述した生活の質の向上という個人の利益にとどまらず、農業経営を支えるパートナーであり、さらに都市農業を理解し、支える公共性の高い活動に展開している。すなわち、都市農業の新たな担い手として、多層的な役割を担っている点に特徴がある。

2）援農ボランティア育成の新たな可能性

援農ボランティア活動は、高齢者が主力である。常勤者は平日の活動が難しく、共働き世帯の増加に伴い専業主婦（主夫）層にも大きな期待はできない。そのため、これからも高齢者がボランティアの主力を担っていくと考えられる。この点については、高齢化が急速に進展する都市において、高齢者の活動の場の確保という観点から福祉的な役割を担うことも期待される。

一方で、ボランティアの高齢化は、どの自治体でも課題として挙げられている。介護など家庭の事情、本人の健康や加齢による体力の問題を抱える高齢ボランティアへの依存は、援農ボランティア制度自体の脆弱性に直結する。さらに、定年の引き上げなど社会的要因によって高齢ボランティアの確保自体が難しくなることも想定される。実際、定年の引き上げによるボランティア確保の困難については、今回の調査でも関係者から多く聞かれた。

受入農家が恒常的に労働力を必要としていることから、高齢者へのアプローチと同時に、若い世代にどうアプローチできるか仕組みづくりを考えることも重要であろう。そのアプローチには、二通りの方法がある。

ひとつは、制度自体の刷新である。単発や短期間のボランティアの導入、事前講習の見直しなど柔軟な制度の修正、対応をつうじて幅広い層を取り込んでいくことが一案として考えられる。

もうひとつは、異業種とのマッチングである。コロナ禍で影響を受け、雇用維持が課題となった宿泊、飲食など観光業との連携によって人材を確保する新たなつながりが各地で生まれたことはメディアでも話題になった。

また、株式会社農協観光が2021年から新たに開始した「JA援農支援隊」は、人材不足に悩む農業と援農を希望する企業、学生をつなぐ仕組みである[17]。企業側は社会貢献やSDGs達成に向けた取り組みになり、社員教育、やりがいやリフレッシュにもなる。大学もSDGsを推進しており、学生にとっては社会に貢献できる人材として主体性や協調性の向上にもつながる。

他産業や大学のような教育機関など異業種との連携は、援農ボランティア育成の新たな展開を生み出す可能性がある。テレワークが定着すれば、地域活動に参加する時間の確保も以前よりはしやすくなる。大学の授業も、オンラインの有効活用が続くだろう。

大学は、積極的に地域と関わり、独自の役割が求められている。そして、教育の新たな展開と社会を担う人材の育成に向けて、アクティブラーニング(18)のフィールドとなる地域に期待を寄せている。

ポストコロナ社会を見据え、ライフスタイルや働き方、学び方が多様化する中、援農ボランティア制度にもこれまでとは異なるアプローチが求められる。今後、持続可能な社会の構築、都市が抱える課題の解決を目的に、地域の中で多様な主体がパートナーシップをむすび、農のあるまちづくりを進めていくことが重要になるだろう。

注

（１）諸富徹『人口減少時代の都市：成熟型のまちづくりへ』中公新書、2018年
（２）横張真「コンパクトシティと都市の『農』」『土地総合研究』27（2）、2019年、pp.3-9
（３）橋本卓爾「新たな局面を迎えた都市農業：『都市農業振興基本法』の制定を中心に」『松山大学論集』28（4）、2016年、p.34
（４）後藤光蔵「都市農業振興基本法成立の意義」北沢俊春、本木賢太郎、松澤龍人編著『これで守れる　都市農業・農地：生産緑地と相続税猶予制度変更のポイント』農山漁村文化協会、2019年、pp.29-30
（５）蔦谷栄一「都市農業のかたちが日本農業の先駆け」『AFCフォーラム』66（8）、日本政策金融公庫、2018年、pp.7-10
（６）枝廣淳子『レジリエンスとは何か：何があっても折れないこころ、暮らし、地域、社会をつくる』東洋経済新報社、2015年、pp.14-22
（７）安藤光義「都市農地存続の鍵を握る担い手育成･確保」『都市問題』110、後藤･安田記念東京都市研究所、2019年、pp.86-94
（８）小口広太『日本の食と農の未来：「持続可能な食卓」を考える』光文社新書、2021年
（９）東京都生活文化局「令和２年度第１回インターネット都政モニターアンケート『東京の農業・水産業』調査結果」（2020年９月）。回答者は494名。「思う」の回答割合は2009年度：84.6％、2015年度：85.5％であった。
（10）2021年２月７日付日本農業新聞

(11)2020年6月18日付日本農業新聞。日本農業新聞では、コロナ禍の影響による都市住民の食生活や農業への意識変化を調べることを目的に、首都圏の210人に街頭調査を行った。国内農業への意識変化について、年代別で「以前より大切」と回答した人は、年代別で50代が64%、60代が58%と高齢層が高かった一方、40代が45%、10～30代の若者は30%前後だった。

(12)小口広太「コロナ禍で見直される『農』の力」『有機農業研究』13（1)、2021年、pp.7-9

(13)2020年6月13日付日本農業新聞

(14)2020年8月5日に実施した東京都農林水産振興財団担当者へのインタビューによる。

(15)内閣府「新型コロナウイルス感染症の影響下における生活意識・行動の変化に関する調査」

(16)2020年2月7日に実施した足立区での援農ボランティアへのインタビューによる。

(17)株式会社農協観光ホームページ（https://ntour.jp/agribank/ennoutai/）最終閲覧日：2022年1月9日

(18)アクティブラーニングの目的は、能動的な学修をつうじて社会力や人間力のような汎用的能力を身に付けることにある。学習者主導型による高次のアクティブラーニングとして位置付けられる問題解決型学習（Project Based Learning：PBL）は、既有の知識を活用しながらフィールドワークや体験学習、実習などで地域との連携活動を実践し、与えられた課題の解決や自ら定めた問題を探究する学習方法で、農業との連携も事例としてよく見られる。

まとめにかえて—援農ボランティアの課題

本書は東京農業、つまり都市農業で展開してきた援農ボランティアについて3つの視点から検討した。各章ではそれぞれのテーマとそれに基づく視点から考察が行われている。そのことを念頭に、最後に援農ボランティア活動の課題について、あくまで筆者の見解であるが、簡単に述べてまとめとしたい。

1）援農ボランティア展開の背景とその役割

東京において援農ボランティア活動が広がった背景は二つある。一つ目は農業従事者の減少、高齢化という日本農業に共通する問題が都市農業では一層顕著だったことである。加えて1968年に都市に農地・農業は不要とする都市計画法が成立しその考えに基づく施策、税制が実行され、都市農業の後退・縮小、家族労働力だけで経営を維持することが困難な農家の増加に拍車がかかった。

二つ目の背景は、都市農地・農業バッシングの施策や税制、加えてジャーナリズムや世論に抗して生業としての農業を存続させようとした都市農業者・農業団体の運動や努力である。都市住民が、都市に農地・農業が存続することの大切さを、実感し納得できる都市農業を作り出す取り組みである。それが都市住民に新鮮で安全・安心な農産物を供給する都市農業＝施設の導入・多品目少量生産・直売型農業であった。労働集約型農業への転換は家族労働力が減少傾向にある中でより多くの労働力を必要とした。

農家の抱える労働力不足には上記の二つの内容がある。家族労働力の減少や高齢化によって経営の縮小過程にある農家が、それに抗するために労働力を雇用することは難しい。自治体の施策として取り組まれた援農ボランティア制度は、先ずはこのような農家を支え、都市農業を維持することを念頭に置いていただろう。

しかし実際には、高齢化等で労働力が不足し経営が縮小過程をたどりつつある農家が援農ボランティアを活用することは少ない。農家の側に作業を主導し的確な指示を出せる家族農業従事者がいなければ援農ボランティアを受入れ活用することは難しいからである。

援農ボランティアは主に、新しい労働集約型の都市農業の担い手によって活用されてきた。家族経営を支える家族外労働力として雇用労働力などと一緒に受入れられ、その中でボランティアは量的質的役割を増しながら都市型農業の展開を支えてきたのである(1)。地域の担い手農家を支えることは、援農ボランティアにとって、今後とも中心的な役割であることは変わらないだろう。

とはいえ縮小状況にありながら農業を継続している農家を支えることも、援農ボランティアの重要なもう一つの役割である。歯止めのかからない都市農地の減少を抑え、農業生産のために最大限活用することは大切な課題だからである。しかしそのような状況にある農家が援農ボランティアを活用することは先に述べたように難しい。援農ボランティアの支援をそのような農家が活用できるようにするマネジメントの仕組みを考えることが課題である。

2）受入農家にとっての援農ボランティアの意義

(1) 農家の生活上の問題解決への役割

受入農家にとって援農ボランティア受入の意義は農業経営を支える労働力の確保であることは言うまでもない。しかし調査をしてみると、今まで見過ごしてきた農家の生活を支える役割も大きかったことがわかる。

自然を対象とする農業は自由に休みを取りづらい。そのために子供たちが小さい時、学校行事に参加できない、夏休みに休暇が取れず家族そろって遊びに行けない等の生活上の問題が起きる。援農ボランティアがこれらの問題の解決に役立ってきたこともその役割であった。

(2) 農業経営にとって必要な労働力の提供

農家が援農ボランティアに期待する生産・販売過程への支援は、先に触れたように①農業の縮小に歯止めをかけるための労働支援と、②農業経営の拡充のための労働支援がある。実際には既に触れたように後者の比重が大きい。

他の視点からは、第4章で見たように、a）年間を通しての恒常的な労働支援、b）典型的には収穫作業のように、一定の期間だけ必要とする労働支援、c）不定期に必要となる労働支援（典型的には農業従事者の病気や怪我等）の三つに整理できる。

農家の側からするとこれら全ての要求に応えてくれる援農ボランティア活動が望まれる。しかし自治体の行っているボランティア活動では柱であるa）の恒常的なボランティアの派遣の仕組み作りで手一杯である。第6章の国分寺市でのヒアリングにあったように農家の希望があってもそれら全てに応えられるマネジメント機能を持つのは現状では難しい。援農者の拡大を含めいくつかの課題を解決しなければならないからである。

フレキシブルな援農希望に対応可能な仕組みとして広域援農ボランティアがある。それを固定的な自治体のボランティアと組み合わせることが考えられる。しかし現状の広域ボランティアの援農希望は土日などが多く、収穫期間等一定の期間ではあるが継続する援農希望に安定的に対応できる機能はまだ持ち得ていない。

今回の調査では例えば「たがやす」が農家の上記3つの内容の受入希望に十分とは言えないだろうが苦労をしながら応えている。それが可能なのは、①農家もボランティアも農家を支援し地域農業を支えるという共通の目的の下で活動している組織・NPOの会員（会費を払っての）であること、②会員として多くの援農ボランティアがNPOに組織されていること（非農家会員124人、うち2019年の援農活動に参加した会員は69人）、その二つの条件に加えて、③ボランティアと農家の双方と長年にわたって培ってきた人間関係を持つ理事が援農組織の中心にいること、等の条件による。

ボランティア組織が農家の多様な受入れ希望に柔軟に対応できるためには、

①ボランティアが地域の農業者を支えるという意識で結ばれた集団となること、②少なくない人数のボランティアが活動する組織になることが、必要と考えられる。

(3) 援農ボランティアの役割の変化

いろいろな章で触れられているように、援農が継続される中で、受入農家とボランティアとの関係は単なる作業の指示者と指示に従って作業に従事するボランティアという関係から、当然濃淡はあるが農作業、さらには農業経営の協働者の関係に変化していく。生産や販売においてボランティアの意見が活かされるようになり、例えば直売所はボランティアに任せるという展開を見せている事例もある。

全てがこのように変化してきているわけではないが、本書の複数の章で触れられているようにこのような変化は援農ボランティアの深化として重要である。変化の背景には、援農ボランティアと受入農家双方の援農ボランティアに対する考え方、受入農家の人柄やボランティアに対する気遣いや配慮、それによって形成される農家とボランティアの人間関係などがある。

このような関係が構築されるためにはボランティアが継続的に同じ農家で活動することが大切である。1戸の農家で複数のボランティアが参加する任意のボランティア組織は、固定した両者による関係が継続するので他の組織と比較してそのような関係が作り出されやすい。

しかし規定では月毎あるいは年毎にボランティアと援農先の組換えが行われる自治体の援農ボランティアでも、実際には固定化されていく傾向がある(任意の組織におけるよりも弱いが)。したがってこのような関係が形成される事例もあるが、関係が継続することの重要性を認識し取り組む必要があるだろう。

ボランティアと受入農家の固定された関係の継続は大切であるが、しかしそれは現状ではフレキシブルな援農希望への対応を難しくもする。先に触れた受入農家側の3つの希望に応える援農活動は、固定した受入農家で継続的に支援する活動と農家の要請に応じて農家に出向く柔軟な活動が必要だからである。そのためには現状の多くの組織では援農ボランティアの人数の拡大がまず必要だろう。とはいえ同時に、それがどうすれば可能になるかの仕組みの検討も必要である。

3）広域援農ボランティアの意義

広域援農ボランティアは、コロナ禍の下で新規登録者数、派遣延べ人数が急速に拡大し、20代が最も多く20～49歳で74％を占める若い人が中心、という特徴がある。高齢化が問題となっている自治体やNPOのボランティアとは全く違う。これはインターネットで農家の所在地や経営形態、作業内容、活動日時によって希望する受入先を選択できる自由度の高いシステムだからである。若い人が多いので土日の希望が多いことも特徴である。

受入農家にとっては受入れている自治体や団体のボランティアでは恒常的に足りない、あるいは一時的に足りない時に申し込んで受入れるという点で補完する役割を果たしている。また援農ボランティア制度がない自治体で営農する農家においては、広域援農ボランティアをそれに代わるものとして活用しているケースもある。

広域援農ボランティアはこれまでとは異なる年齢層の人たちにボランティアのすそ野を広げている点で大きな役割を果たしている。その役割を高めるために、派遣先農家が固定され継続的な関係になるための工夫、自治体のボランティア制度との補完や連携が図られるようにする工夫などが今後の課題であろう。

4）援農ボランティアの今後の役割とボランティア制度

援農ボランティアは農家の労働力不足を補い経営を支えるために活動に参加する。余暇を活かし、まず初めには自然との触れ合いや健康維持などを求めるためである。しかし援農ボランティアの動機や活動から得られる満足は、このような個人的なものも多いが、社会的なものの比重が大きくなってきている。人々の都市農業の役割や大切さの認識が深まり、その維持・保全に貢献したいという意識が広がってきているからであろう。

ボランティアを受入れる農家にも、生業であると同時に人々の生活にとって様々な役割を果たす農業の重要性を認識し頑張ってきた農家が多い。

都市農業の役割は社会の変化の中で広がってきた。その変化に援農ボランティア活動が応えられる基盤は、地域農業を維持したいという共通の意識がボランティア活動を通して強まり、深まっていくことにある。

援農ボランティアは多様な知識や技能を持った人たちである。そのキャリアが農業者の知識や技能と結びついて、新しい都市農業の展開に繋がっていくことが期待されるのである。

(1) 広がる都市農業に期待される役割

人々が望む都市農業の役割、あり方は以下の３つの側面、①求められる農産物の供給、②持続可能な農業システム、③持続可能な都市づくり、に関わりながら拡大・変化してきた。

①の農産物の供給については量と質の二つの側面が問題とされるようになってきた。量についていえば自給率の低さである。国際的な供給システムに多くを依存することの不安定さを経験してきたからである。コロナパンデミックやウクライナでの戦争などによっても、海外依存の食料供給は不安定であり、国内での供給力を可能な限り高めることの重要性が認識させられている。

質についてもこれまで輸入農産物の安全性が何度か大きな問題となった。そのため量だけでなく質もまた供給される農産物の大きな課題である。

生存を支える農産物の供給は安定性・持続性と安全性が重要である。そのためには地域や国内を基盤とする生産・供給システムの構築を重視することが必要である。都市農業もその一翼を担い、安心・安全な農産物を可能な限り多く、安定的に生産することが求められている。にもかかわらず農家の減少は続き保全すると位置づけられた生産緑地さえ減少する状況に歯止めがかからない。

②については、安心・安全な農産物の生産拡大とその供給だけでなく広い視野に立ったその生産や流通のあり方も問われるようになってきた。まずその視野は生産、加工、流通、消費に関わる環境問題（生産と生活環境・地球環境・生物多様性、フードマイレージ、廃棄物）へ広がってきた。

また農業の役割が農産物の生産のみでなく多面的機能の発揮にもあることの理解も広がってきている。都市の場合には緑の機能や災害の減災・防災機能等が重視されている。多面的機能は農業生産活動があれば提供されるというものばかりではない。それらには公的支援、都市住民の支援が必要である。

③の都市づくりについてはどうか。1980年代以降のグローバル新自由主義の下で自然災害、気候危機や環境、貧困・経済格差、人のつながりの分断・コミュニティの崩壊等の原因が蓄積されてきた。その経済や社会の歪みがコロナ禍の下で顕在化した。生存の基盤である食料をとっても十分に食べることのできない人々が多くいる現実が、突き付けられている。

都市はそれらの原因を作りだしてきたし解決を迫られる課題の多くを抱えその深刻度も増している。これらの課題を克服し災害に強く、環境に負荷を与えず、公正で人々を分断せず包摂する、強靭で持続可能な都市の形成は重要かつ緊急の課題になっている。これらの課題の解決において都市農地・都市農業の果たすことのできる役割は大きい。

(2) 援農ボランティアの役割

援農ボランティアは①についてどのような役割を果たしているか。既に述べたように、ア）都市農業の縮小に歯止めをかけ維持する役割、イ）受入農家の集約的拡大さらには外延的拡大を支援する役割、つまり都市農業の支え手としての役割を、イ）を中心として果たしてきている。農地と農業の維持・保全を支える役割である。

この延長線上で、さらに離農農家の経営の継承、自らが担い手となる役割が期待される。NPOでは組織として経営に乗り出す動きも一部みられるが、ボランティアやボランティアグループにもこの役割が期待される。都市農業の担い手の柱が家族経営であることは変わらないが、家族経営の継承だけでは限界があるからである。都市農地貸借法ができたので、多様な担い手の一つとしてボランティアやボランティアグループが農業の担い手となる制度的な条件はできた。

耕作を継続することは困難だが、転用の理由が特になく可能ならば農地を維持したい意向を持つ農家が、条件の合う借入者が見つかれば都市農地貸借法によって貸付け、農地を維持する可能性はある。当面は維持したい場合の貸付け、あるいは勤めている後継者が農業に従事するようになるまで、あるいは孫などが農業をするまでというある期間を念頭にした貸付けなどがあるだろう。その借入の主体の1つとしてボランティアやボランティアグループが、特に援農活動を続けてきた農家が貸付農家となる場合には、経営を維持する役割を果たせる可能性がある。

②についてはどうか。農産物を供給する農業のあり方について、農産物の安全性や環境問題とも結びついて環境保全型農業が求められている。除草剤を止めれば除草のための労働は増える、また有機農業などの環境保全型農業への転換は労働力や経費が掛かる。しかしそれに見合う価格で販売するのは難しいのが現状である。それを支え環境保全型農業を広げていくために援農ボランティアの支援が必要になる。

同時に多面的機能を発揮する農業が求められている。多面的機能は農業生産を行っていれば発揮されるものばかりではない。発揮のための資材や労働の投入を必要とするものもある。援農ボランティアはこのような農業の展開も支える、あるいは日々の農家との交流を通してそのような農業への展開を促す役割を果たすことができるだろう。

③の課題についてはどうか。SDGsのゴールには食料や農業に係わるものも少なくない。それは都市農業が食料や農業という側面から寄与できることを意味する。

例えば貧困や格差の解消が緊急の課題として顕在化するなかで、農業体験農園で入園者グループが、園主の協力を得ながら収穫した作物を子ども食堂や一人親世帯に「おすそわけ」する活動の事例がある。さらに子ども食堂などの関係者と一緒に体験農園で農産物の栽培もおこなうようになった。まだ少ない事例であるが、都市が抱える貧困・格差、コミュニティの再生という社会的問題の解決への取り組みである。社会的課題に取り組む活動が端緒ではあるが出てきている。

都市の抱える問題解決を目指す活動は農業との関係でも今後その重要性を増すだろう。これらは市民が主体となって農業者や横断的な行政の協力を得ながら行われるべき活動である。農業の経験を積み、農業者とも結びつきを持つ援農ボランティアはこのような活動の担い手、あるいは取り組みの組織者としての役割を果たすことができるだろうしそのことが期待される。

(3) 今後の課題

今見たような、期待される役割を援農ボランティアが果たすことができるようになるためには以下の取り組みが必要と思われる。

一つ目は農業に対する知識や技術の講習である。現在行われている講習は、多くはボランティアとして活動するための準備としての技術の教育である。しかし述べてきたように期待される担い手など多くの役割を果たすことができるためには、より高度な農業技術や経営の知識、国や自治体の農業政策等に関する広い知見も必要になる。農業技術の講習ではボランティアの準備教育を超えより高度な技術の講習を実施している自治体も見られる。しかし技術だけでなくより広い視野で都市農業を理解するための講習が必要であろう。

二つ目はボランティア活動の中心である自治体や広域援農ボランティアに参加しているボランティアの組織化である。ボランティアが組織化され主体的に活動するようになればその役割は広がる。ある自治体ではボランティアのグループができ、自治体が派遣する以外に農家が必要とするボランティアの派遣をグループが受け援農を行っている。

三つ目は農業生産の範囲を超えて広い視野に立って都市農業に関わるよう

にボランティアを育てるための取り組みである。ボランティアは都市農業の大切さを理解し、それを維持・保全することに貢献しようという社会的意識を持って参加している。

先に見たようにボランティアに期待される役割は広がって来る。地域農業の維持に貢献するという社会的意識を持って参加してきているボランティアのこの意識をさらに広く、強く、豊かにし地域農業維持の核となる市民としてボランティアを育てるための取り組みが必要である。

注

(1)本書の基礎となっている調査報告書（令和２年度と令和３年度報告書）の受入農家を対象としたアンケート調査結果を見ると認定農業者の割合は、例えば足立区100%、立川市85%、NPO法人たがやす63%（いずれも回答のあった受入農家に占める割合）である。

著者紹介

後藤 光蔵（ごとう みつぞう）

第１章第１節、第４章、第７章、第８章、まとめにかえて

武蔵大学名誉教授　農学博士

主要著作：『都市農地の市民的利用　成熟社会の「農」を探る』（単著）日本経済評論社、2003年、『農業構造の現状と展望　持続型農業・社会をめざして』（単著）日本経済評論社、2016年

小口 広太（おぐち こうた）

第１章第３節，第２章第２節，第６章，第９章

千葉商科大学人間社会学部准教授　博士（農学）

主要著作：『日本の食と農の未来：「持続可能な食卓」を考える』（単著）光文社新書，2021年、『有機農業大全：持続可能な農の技術と思想』（共著）コモンズ，2019年

北沢 俊春（きたざわ としはる）

第３章　第５章

元一般社団法人東京都農業会議事務局長　都市農業勉強会代表

主要著作：『これで守れる都市農業・農地』（共著）農山漁村文化協会　2019年

田中　誠（たなか まこと）

第１章第２節、第２章第１節

一般社団法人東京都農業会議総務部長

都市農業の変化と援農ボランティアの役割

―支え手から担い手へ―

2022年7月15日　第1版第1刷発行

著　者◆後藤 光蔵・小口 広太・北沢 俊春・田中　誠

発行人◆鶴見 治彦

発行所◆筑波書房

東京都新宿区神楽坂2-16-5　〒162-0825

☎03-3267-8599

郵便振替 00150-3-39715

http://www.tsukuba-shobo.co.jp

定価はカバーに表示してあります。

印刷・製本＝平河工業社

ISBN978-4-8119-0631-7　C3061